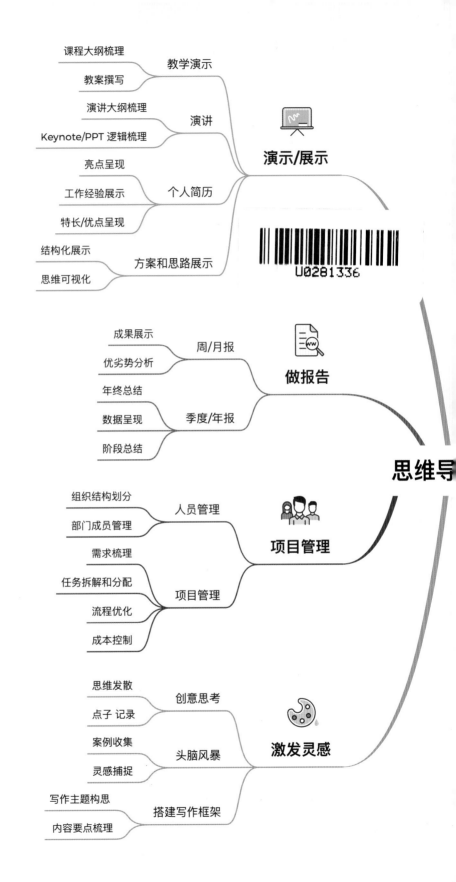

演示/展示
- 教学演示
  - 课程大纲梳理
  - 教案撰写
- 演讲
  - 演讲大纲梳理
  - Keynote/PPT 逻辑梳理
- 个人简历
  - 亮点呈现
  - 工作经验展示
  - 特长/优点呈现
- 方案和思路展示
  - 结构化展示
  - 思维可视化

做报告
- 周/月报
  - 成果展示
  - 优劣势分析
- 季度/年报
  - 年终总结
  - 数据呈现
  - 阶段总结

思维导

项目管理
- 人员管理
  - 组织结构划分
  - 部门成员管理
- 项目管理
  - 需求梳理
  - 任务拆解和分配
  - 流程优化
  - 成本控制

激发灵感
- 创意思考
  - 思维发散
  - 点子 记录
- 头脑风暴
  - 案例收集
  - 灵感捕捉
- 搭建写作框架
  - 写作主题构思
  - 内容要点梳理

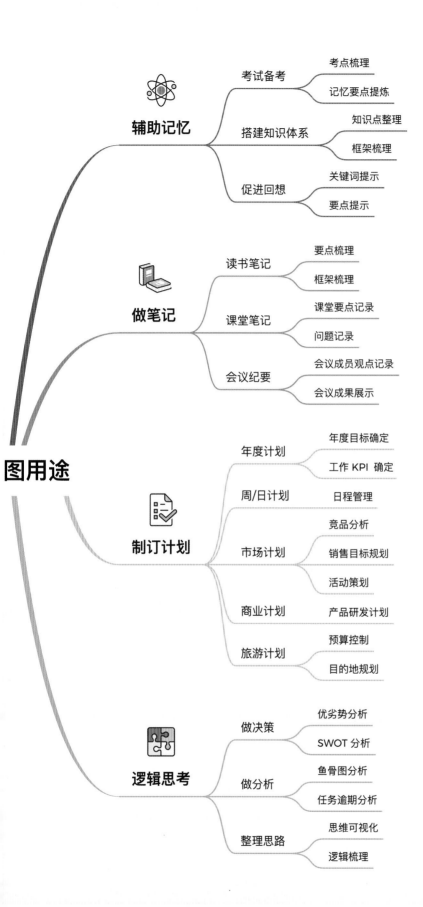

图用途

辅助记忆
- 考试备考
  - 考点梳理
  - 记忆要点提炼
- 搭建知识体系
  - 知识点整理
  - 框架梳理
- 促进回想
  - 关键词提示
  - 要点提示

做笔记
- 读书笔记
  - 要点梳理
  - 框架梳理
- 课堂笔记
  - 课堂要点记录
  - 问题记录
- 会议纪要
  - 会议成员观点记录
  - 会议成果展示

制订计划
- 年度计划
  - 年度目标确定
  - 工作 KPI 确定
- 周/日计划
  - 日程管理
- 市场计划
  - 竞品分析
  - 销售目标规划
  - 活动策划
- 商业计划
  - 产品研发计划
- 旅游计划
  - 预算控制
  - 目的地规划

逻辑思考
- 做决策
  - 优劣势分析
  - SWOT 分析
- 做分析
  - 鱼骨图分析
  - 任务逾期分析
- 整理思路
  - 思维可视化
  - 逻辑梳理

XMind

用好思维导图走上开挂人生

XMind团队 著

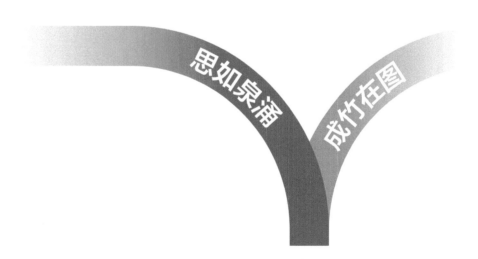

电子工业出版社.
Publishing House of Electronics Industry
北京•BEIJING

内 容 简 介

在很多人的印象里，思维导图是一个中规中矩的办公工具，是职场中的特定人士才会使用的软件，但恰恰相反，思维导图是每个人都可以使用的零基础软件，它可以给人们的生活带来很多便利。

本书分为四部分。第一部分从"思维"入手，带大家实现思维延展，为更好地使用思维导图打下基础。第二部分将展示思维导图的各种基础应用场景及真实使用案例，让大家的思维快速成长。第三部分将从思维导图软件 XMind 本身入手，教大家解锁思维导图软件的高阶技巧，实现技术进阶。第四部分会带给大家更多将思维导图应用于工作及生活中的复杂场景的案例，让大家在职场和生活中都能有更好的体验。

图书在版编目（CIP）数据

XMind：用好思维导图走上开挂人生 / XMind 团队著. —北京：电子工业出版社，2021.2
ISBN 978-7-121-40490-0

Ⅰ . ① X… Ⅱ . ① X… Ⅲ . ① 可视化软件 Ⅳ . ① TP31

中国版本图书馆 CIP 数据核字（2021）第 012436 号

责任编辑：孙奇俏
印　　刷：固安县铭成印刷有限公司
装　　订：固安县铭成印刷有限公司
出版发行：电子工业出版社
　　　　　北京市海淀区万寿路 173 信箱　　　邮编：100036
开　　本：720×1000　　1/16　　印张：20.5　　字数：331.28 千字　　插页：1
版　　次：2021 年 2 月第 1 版
印　　次：2024 年 10 月第 7 次印刷
定　　价：118.00 元

凡所购买电子工业出版社图书有缺损问题，请向购买书店调换。若书店售缺，请与本社发行部联系，联系及邮购电话：（010）88254888，88258888。
质量投诉请发邮件至 zlts@phei.com.cn，盗版侵权举报请发邮件至 dbqq@phei.com.cn。
本书咨询联系方式：010-51260888-819，faq@phei.com.cn。

推荐语

Tomorrow starts with inspiration，即"未来始于灵感的启发"。我们团队一直使用 XMind 梳理灵感，并将灵感逐步转化为可执行的方案。这本书可以让我们更好地使用 XMind， 并且帮助我们培养好的思考习惯。

吕华，中洲商置总经理兼中洲未来实验室负责人

XMind 是让知识变成体系化信息的工具，小鹅通是实现社交化知识学习的工具，在助力知识传递的路上，我们始终与思智精英们相伴同行。

鲍春健，小鹅通创始人

无论是在工作中还是在生活中，我们都需要倾听内心的声音。善用思维导图，就如同找到了一位心灵导师，它总会帮你找到正确的方向。

老麦，"少数派"创始人

如果说"懒人听书"提升了我们获取知识的效率，那么 XMind 就是从整体上提升了我们的工作效率。这本书能使我们的效率再次提升，还能有效地帮助我们思考生活的各个方面。

宋斌，懒人听书创始人

Topbook 主要用思维导图来策划选题和搜集信息。在我看来，XMind 蕴含着一种禅意。如果你想思考，它可以让你自由发挥，想到哪儿，写到哪儿；如果你想学习，

它会为你提供不同的高效小工具。这和 Topbook 的价值观很契合——让工具回归工具，让你成为你。

高毅，Topbook 创始人

XMind，让思维被看见，每一位"笔记侠"都在用。

柯洲，笔记侠 & 更新学堂 CEO

思维导图可以帮助你在繁杂的事务中厘清思路，同时挖掘出不同事务间的关系，简单高效地解决问题。XMind 是一个辅助你思考的工具。

柳毅，谜底科技创始人

作为每天更新科普文章和视频的博主，每一篇逻辑清晰的作品背后都有 XMind 的功劳。

顾中一，知名健康博主、营养师

XMind 是我一切思考的起点，它于我是结构性逻辑的架构，是结合各种分析工具的应用软件，是所有没头绪问题的解决方案。而这本书，是解决方案的解决方案，也是你需要的终极思维导图攻略。

柱子哥，知名科普博主、思维导图抗癌第一人

用户好评

@ 天然卷少女称霸世界：思维导图真的是人类之光，每次使用 XMind 后，我都会感觉到思路清晰，仿佛自己无所不能。短暂的错觉也能带来快乐。

@ 鹏大禹：在众多办公生产力工具中，XMind 用起来很容易让我有愉悦感。通过思维导图，我可以将自己对于项目需求的想法进行归纳整理，这有点像玩智力游戏，很锻炼人。

@Helian- 阿莲：用 XMind 做出来的思维导图让我受到很多赞扬。感恩有这么好的软件！

@ 齐小 Q：思维导图真的带给我很多变化，也让我遇到了很多同行的伙伴。她们都很棒，我们一起探索了思维导图的多种可能。另外，XMind 颜值在线，始终是我的首选。

@ 考不进年级前 100 不改名：XMind 真的在学习上帮助了我很多，自从关注了XMind 的公众号，我学到了很多关于 XMind 的高阶用法。期待和 XMind 一起从高中走向大学，再从校园走上工作岗位。

@Ruby：用 XMind 写策划案，我得到了学长的表扬。用 XMind 写小论文，我在动笔时思如泉涌。用 XMind 分析论文结构，我更好地把握了文章的脉络。

@ 侯：XMind 是一款很不错的软件，我一直坚持用它整理学习笔记、记录会议内容、制订工作计划，它真的很好用。XMind 具有灵活的可编辑性、好看的模板、便利的分享模式，这些都很吸引我。我想把这款软件"安利"给所有人。

@ 一蓑烟雨：自从遇见了 XMind，我的工作"溜到起飞"。平时我需要整理很多客户资料，XMind 真的是这方面的神器啊！

@ 执著：女儿考研复习时使用思维导图，于是我第一次了解到 XMind 这个软件。女儿对 XMind 深深着迷，作为教师的妈妈我也爱屋及乌，新潮地将它用到了自己的教学中，体验棒极了！

@ 糖加三勺：虽然我是刚接触思维导图的小白，但是 XMind 确实帮我完善了个人知识体系，是一个很值得花时间去研究的东西。

序

XMind 是中国公司，还是外国公司？

2006 年，三个没留过学、没出过国的土生土长的中国人，还没来得及深思熟虑，就决定把一生投入推广思维导图的事业中去。

这么说可能有点夸张了。

当年也不知道能不能做成这件事，可当第一代产品 XMind 2007 破壳而出的时候，我们首先就得到了来自海外的喝采！

2007 年，我们现阶段常用的效率类软件中的大部分都还不存在。2007 年，很少人使用待办事项（Todo）或笔记（Notes）类 App。2007 年，甚至还没有 App Store，全年最大的新闻就是 Windows Vista 发布了……

2007 年，国人几乎不知道思维导图，除少数翻译机构发表过少量相关文章之外，一般人几乎都没有接触过（而且那时翻译机构还把"Mind Map"翻译成"脑图"）。另外，在当时，如果说一款软件能带来思维方式的变革和效率的提升，这种说法可谓言之过早，这种观念无法让人心悦诚服。

因此，我们自然地把眼光投向了国外市场（虽然第一代的 XMind 就有中文版本，但是针对中文版本的网站和营销活动，却是在十年后才开始的）。我们在海外市场上取得了意想不到的成功，赞赏信和感谢信如雪片般飞来。不久，XMind 就超越所有同类型产品，成为全球最受欢迎的思维导图工具。以至于，2018 年我们在美国、欧洲和澳大利亚举办线下粉丝见面会的时候，甚至遇到了已经使用 XMind 十年以上的老用户。

与此同时发生的是，中国软件市场正在崛起。中国软件行业早已不再以外包和工业管理软件为主，个人软件消费者有消费能力、有消费意愿。一代又一代的年轻人，更愿意相信"我们创造工具，而工具又塑造了我们"的哲学观，而 XMind 幸运地赶上了这样的时代洪流。感恩时代，我们几乎没花什么力气，就让 XMind 成了国内软件市场冉冉升起的新星！

在风云变幻的 2020 年，再提"全球化"似乎不合时宜，但 XMind 的文化始终遵循"去本地化"这一理念，也就是说，我们不希望用户把我们的产品同任何区域性价值观绑定在一起。

不同于星巴克的"美式咖啡"或 Nespresso 的"瑞士制造"，成功的软件产品似乎很少显现其东方背景或西方背景。这和早期缔造这个行业的先驱们有关，他们将人类普世的价值观注入了软件产品之中。心胸开阔的结果，是换来别人的信任。因此，XMind 是民族的，也是世界的，是为全人类而设计的。

这么说吧，如果你将 XMind 的全球销量按国家和地区排名，你得到的结果将接近GDP 排名。这也很容易理解，发达的经济必然导致智力产业的比重提高。XMind似乎在向中国软件业证明一个奇怪的理论：没有海外团队，清一色的中国人也能攻占欧美市场！

思维导图是一个工具，还是一套方法论？

思维导图是一位英国老爷爷发明的，首先被大规模应用于脑力训练领域。是的，你没有看错，思维导图就是因在"世界记忆力锦标赛"一类的场合大展身手才家喻户晓的。

思维导图的一大特点，就是位置记忆。当你回忆起你所画的某张思维导图中的某个分支时，你首先想到的就是它的位置，左上角、右上角、左下角、右下角……其次才是它丰富的颜色和井然有序的线条。

思维导图的"导图"其实就是英文里的"map（地图）"。想象一下，从你家出发能走路到达的地方，其中可能会涉及 20 条路、35 个住宅小区（它们的名字还都那么相似）、30 幢标志性大楼、10 个购物广场，以及至少 50 家你去过的或想去的餐厅，但记住这些对你来说根本不是难事。这是为什么？有什么诀窍吗？需要用记忆曲线来复习吗？其实根本不需要，唯一的诀窍就是，记住它们的位置！位置！位置！

基于此，学校和培训中心开始应用思维导图。不久，思维导图就被用于上课记笔记，以及整理读书笔记。而当这些在学校和培训中心使用思维导图的孩子们都走上了工作岗位时，他们就自然而然地把思维导图带到了职场。

在工作和生活中使用思维导图有两大优势。

一个优势是，极大简化沟通过程，所谓"一图胜千言"，经常听说某人因在自己的工作报告末尾附上一页思维导图而大获嘉奖的故事。

另一个优势是，能激发创造力。关于这一点，我个人有一个小技巧，这就是在思维导图的重要分支上留一个空白行。假如你目前想到了三点，那么留出第四个空白行，不断激励自己联想、创造。假如你很快就填上了第四点，那么再增加第五个空白行。这招很管用。

如果你用横线记事本或线性的笔记 App（包括大纲类 App），你的思维可能会受到极大的限制，因为你必须把第一点说清楚才能去解释第二点。而如果你用一张白纸呈现思考过程，你的思维虽完全不受限制，但也无法发挥最大效用，因为你可能只会得到一些毫无关联的想法。思维导图介于二者之间，它看起来是一张白纸，让你可以在任何地方输入内容，但它同时又隐含了有力的限制，能起到引导的作用，就像在陌生的城市中为你指明方向的导航系统一样。

思维导图的功能十分强大，以至于一位知名企业的高管（XMind 的深度用户）对我说："使用 XMind 获得的成果，并非一个文件，而是我头脑中那些已经被厘清的概念。"

思维导图真的是很神奇的东西，每个人都能说出它不同的优点，每个人对它都有个性化的用法。我经常听到具有文科思维的人在介绍 XMind 时着重强调其艺术性，而与此同时，那些具有理科思维的人会说："那是因为你使用了树状的数据结构！"

用一句话概括思维导图的强大，那就是：它能放大每个人的思维优势，让强者更强。

那些因 XMind 改变人生的故事，是真的吗？

作为 XMind 的创始人，我常常被人误以为是思维导图在国内普及的幕后推手。其实不然，真正推广思维导图的是那些 XMind 的深度用户，他们生怕好东西没人知道。

在 XMind 的深度用户中，有毕业即获得高薪的年轻精英，也有重回工作岗位便驰骋职场的宝妈，有教主妇们"收纳术"的培训讲师，也有在公务会议上强调全员使用思维导图的政界高官。我甚至认识一位从癌症中奇迹康复的女性用户，她说，用 XMind 整理思绪帮助她度过了那些内心无法平静的日子。

这些故事都是真的，比我讲述的还要真。

XMind 可以帮助一个人做决策，梳理海量的信息。XMind 可以帮助一个人发声，至少可以让一个人默默诉说他的精彩。XMind 可以帮助一个人树立信心，而这种信心不能依靠任何外在的标签表达。

我常常说，XMind 几乎是史上最难推广的软件，因为你不能去敲客户的门并告诉他，你要卖给他一个"帮助他思考的软件"，否则对方不是认为你精神不正常，就是误以为你将通过某种人工智能将他引向"机器必将战胜人类"的深渊。

因此，我们写了这本书。

我们不想强行让你爱上思维导图，更不是为了推销 XMind 软件。这本书的核心内容不是软件的使用技巧，而是借由 XMind 来实现对效率、创造力与信心的整合。

加油吧！读完这本书，我相信你一定能思如泉涌，成竹在"图"！

孙方，XMind 创始人兼 CEO

前　言

从萌生写书的想法，一直到这本书出版，中间经历了几年的时间。

XMind 团队在思维导图领域深耕产品十余年，就像匠人打磨一件得意的作品一般，我们希望它精致，也希望它实用。我们用了十余年的时间探索，至今仍然在路上。

这一路很忙碌，却又令人兴奋。我们通过数百场活动了解过海内外数千名用户的想法，我们有过花几年时间重写每一行代码的经历，我们与熟悉的小伙伴们一起创造过许多关于思维导图的奇迹，我们见证了思维导图在全球的发展，我们积累了许多宝贵的经验……

现在，我们想通过这本书，与所有读者分享这一切。

时代进步的标志是工具的不断革新。人类的进步，是从制造和使用工具开始的。从借助自然界的力量到自己产生力量，人们一直在不断发明新的工具、创造新的动力。这表面上是工具的迭代更新，本质上是思维方式的转变。是思维，改变了人们的生产和生活方式。

我们始终相信思维的强大力量，我们始终相信大脑的无限潜能。劳动力可以被机器取代，但思维不能。

本书内容

本书共分为 4 部分，涉及 8 章内容，涵盖 35 个主题（35 篇），其中每一部分的内容简介如下。

第一部分　延展思维，收获效率

现代社会飞速发展，无论你处在哪个行业、任职什么岗位，都离不开"思维延展"和"效率提升"这些关键话题。在这一部分中，我们将带大家初步认识思维导图及 XMind，给出常见工作场景下借助 XMind 收获"高效"的解决方案，从而帮助大家消除焦虑、学会自律，在人群中脱颖而出。

第二部分　人人都用思维导图

全球约有上亿人在使用思维导图工具，从使用者的角度出发，小到背几个英文单词，大到梳理公司的上市方案，思维导图都是真正能给生活、工作、学习提供帮助的工具。在这一部分中，我们将从不同的简单使用场景出发，带大家领略思维导图初学阶段的易用性、普及性，以及它无处不在的魅力。

第三部分　高效玩转思维导图

认真操作思维导图后，你会发现它其实非常容易上手，能轻松整理日常杂乱思绪。但其中有很多"高级"操作，如果不经一番研究，着实难以掌握。在这一部分中，会给出一些思维导图的高级玩法，这些玩法不仅是职场晋升的必备技能，也堪称思维导图高手必会的专业技能。

第四部分　思如泉涌，成竹在"图"

思维导图作为帮助整理思绪的利器，真正应用在工作、生活中的复杂场景下可以解决非常棘手的问题。在前面的三部分中，我们认识了思维导图的作用和 XMind 的特点，了解了将思维导图用于不同场景的简单案例，以及 XMind 中的高阶功能。在这一部分中，我们将介绍一些复杂的将思维导图应用于职场和实现自我素质提升的场景，让大家在使用思维导图时胸有成竹。

联系作者

尽管我们在出版过程中对书稿进行了多次修订，但仍不可避免存在错漏之处。另外，随着软件的更新迭代，书中展示的软件界面截图可能会和最新版本的有所出入。对于以上情况，还望广大读者海涵和批评指正。

联系 XMind 市场团队：marketing@xmind.net。

适读人群

本书适合以下读者阅读。

- 对思维导图感兴趣的人。
- 追求效率，想提升自身学习、工作效率的人。
- 对思维可视化感兴趣，想提升自身思维逻辑和条理的人。

致谢

本书是 XMind 团队的作品。感谢 XMind 团队全体成员对思维导图的卓越贡献，是你们创造出 XMind 这样的思维导图工具，坚定了团队出版此书的信心。感谢曾经在 XMind 工作的员工，你们曾经的付出是团队的重要力量。特别感谢电子工业出版社的孙奇俏编辑在本书出版过程中给予的专业指导。感谢 XMind 全球用户对产品的喜爱。

目　录

思维导图超强入门 / 001

第一部分　延展思维，收获效率

第 1 章　关于思维的深度思考 / 024

01　8 小时之外，如何自我提高 / 025

02　告别精神涣散，从享受专注开始 / 030

03　远程办公，如何解决效率低下问题 / 035

04　时间管理：最强自律换取最丰沛自由 / 044

第 2 章　思维不受限制 / 053

05　思维导图的意义：让思维不受限 / 054

06　如何建立一套自己的思维框架 / 060

07　用 XMind 实践清单思维 / 067

08　借助 XMind 让思维更严谨、想问题更全面 / 076

09　如何开展一场高效率的头脑风暴 / 087

第二部分　人人都用思维导图

第 3 章　思维快速成长 / 094

10　用 SWOT 分析法进行自我分析 / 095

11 借助 XMind 提高决策效率 / 103

12 如何做出思维清晰的读书笔记 / 107

13 如何有效提高记忆力 / 116

第 4 章 思维导图无处不在 / 122

14 思维导图帮你成为更好的思考者 / 123

15 如何将思维导图应用于学习场景 / 126

16 借助 XMind 高效开展运营工作 / 130

17 程序员如何借助 XMind 进行逻辑思考 / 138

第三部分 高效玩转思维导图

第 5 章 从入门到高手 / 146

18 巧用大纲，效率翻倍 / 147

19 如何自定义主题风格 / 157

20 如何活用自由主题和联系 / 162

21 如何在 XMind 中绘制流程图 / 169

第 6 章 解锁隐藏技能 / 174

22 如何搭建 Markdown+XMind 高效写作工作流 / 175

23 如何在 iPad 上玩转 XMind / 185

24 如何用 XMind 绘制高颜值思维导图 / 195

25 如何清晰打印内容较多的思维导图 / 210

第四部分 思如泉涌，成竹在"图"

第 7 章 从菜鸟到职场达人 / 220

26 如何通过 XMind 实践 OKR 工作法 / 221

27 如何利用 XMind 高效求职 / 229

28 如何用 XMind 做商业计划书 / 238

29 拒绝瞎忙，教你用 XMind 搞定项目管理 / 247

30 用 XMind 做出让人眼前一亮的会议纪要 / 253

31 如何用 XMind 撰写周报 / 260

32 如何写出让人惊艳的年终总结 / 270

第 8 章 享受更优质的生活 / 277

33 如何用 XMind 规划一场精彩的旅行 / 278

34 重度拖延？用 XMind 高效管理时间 / 291

35 不想做 PPT？试试用 XMind 展示思维 / 299

结束语 / 310

读者服务

微信扫码回复：40490

- 获取各种共享文档、线上直播、技术分享等免费资源
- 加入本书读者交流群，与本书作者团队互动
- 获取博文视点学院在线课程、电子书 20 元代金券

思维导图超强入门

如果你刚接触思维导图不久，可能不知道思维导图到底是什么，为什么要用思维导图，以及在什么场景下应用思维导图。

没关系，接下来我们将解决所有大家关于思维导图的疑惑，让大家能够带着清晰、明确的目标开启后面的学习之旅。

思维导图是什么

思维导图是一种将思维进行可视化的实用工具。

具体实现方法是，用一个关键词去引发相关想法，形成不同级别的主题，再图文并重地把各级主题的隶属关系表现出来，将关键词与图像、颜色等建立起记忆连接，最终用一张放射性的图有重点、有逻辑地将所有内容表现出来。

为什么要用思维导图

整体来说，思维导图可以更清晰地呈现思维方式，帮助使用者分清主次，发现想法间的关联，高效梳理思路。

把混乱的思路梳理清楚，把抽象的思维图像化，把繁多信息中的重点提炼概括，使思考时更有逻辑、想问题时更有条理、创新时更有灵感，这便是人们将思维导图作为生产力工具的原因。

思维导图的应用场景

思维导图通常可以应用于以下场景，用思维导图来表示如图1所示。

- 激发灵感：搭建写作框架、创意思考、头脑风暴等。
- 辅助记忆：提炼记忆要点、搭建知识体系、整理学科知识点等。
- 项目管理：人员管理、任务拆解和分配、需求梳理等。
- 做笔记：做读书笔记、课堂笔记、学习笔记、会议记录等。
- 制订计划：制订年度计划、商业计划、旅游计划、研发计划等。
- 演示 / 展示：辅助演讲、教学演示、方案和思路展示、个人简历展示等。
- 做报告：做周报、月报、季度报、年报等。
- 逻辑思考：优劣势分析、任务逾期分析、做决策、思路整理等。

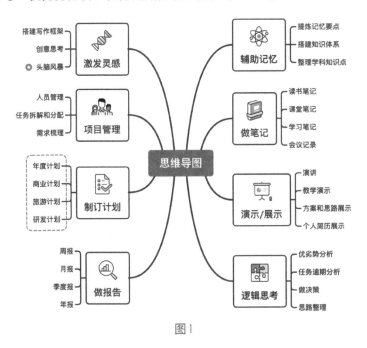

图1

此外，思维导图还有各种小众的应用场景，比如用来分析电影、整理事件发展脉络和内在逻辑等。

总体来说，无论是学习、工作，还是生活中的各类事情，凡涉及思考的场景，都可以用思维导图来厘清思路、完善逻辑、激发创意，从而真正提高思考效率。

思维导图的绘制原则

作为思维可视化利器，思维导图可以帮助我们梳理思路，更好地对复杂思绪进行整理。那么我们如何能更快速地绘制思维导图呢？

思维导图中的核心要素是关键词、联想和发散、逻辑分类、视觉呈现。抓住这四个核心要素，在绘制思维导图的过程中便能思路清晰，事半功倍。

关键词

运用关键词作为触发点能帮助我们展开联想，让思绪像蜘蛛网一样扩散蔓延。大脑自动填充相关内容的过程，也是思维不断扩展的过程。

提取关键词是一个变被动吸收为主动思考的过程，不停运用关键词容易刺激大脑进行联想，在筛选关键词的过程中逼迫大脑对信息进行内化，这也是使用思维导图能提高办事效率的原因。提取关键词时可以遵循以下原则。

- 选择能阐明关键概念的词，以名词为主，以动词为辅，再辅以必要的形容词和副词。
- 精简到不能精简为止。

联想和发散

在绘制思维导图时，我们要善于运用类比的方式进行联想和发散，试着穷尽所有的可能性。

举个例子，当我们在思考思维导图可以用来做什么的时候，头脑中会有很多想法，比如做笔记、列提纲、制订计划等，其中涵盖的更具体的内容可能暂时只想到几个，但在这个基础上，我们可以用类比的方式进一步扩展。例如，我们可能会想到做读书笔记，在此基础上便能继续扩展出做课堂笔记、学习笔记、会议记录等。用这种方式可以扩展思维的广度，这也是思维导图的魅力所在。

逻辑分类

逻辑分类是思维导图中至关重要的要素，因为大脑更善于处理有序、有规律的信息。思维导图可以帮助我们更全面地思考，厘清逻辑关系。

从发散到归纳，需要经过一系列的概括总结。还以上述情况为例，当我们思考思维导图可以用来做什么时，我们已经尽可能地列出了所有要点，下一步需要找出这些要点间的逻辑关系，对要点进行分类，进而总结要点，形成观点。

视觉呈现

色彩、图像、线条都是非常重要的视觉呈现方式。在脉络清楚、逻辑清晰的基础上，选择一个好的视觉呈现方式能让思维导图焕发更多活力。

- 色彩：用不同的色彩可区分不同级别的主题。
- 图像：在关键部分插入图像可激发联想，强调关键概念。
- 线条：线条粗细变化可让主题之间有重要性差异，可以选择合适的线形增加思维导图的协调性。

在 XMind 中绘制思维导图

传统的思维导图通常用纸笔绘制，但由于手绘需要更多精力也不利于修改和分享，因此更多人选择用更高效的软件来绘制思维导图。

XMind 是一款优秀的全功能思维导图软件，适配 macOS、Windows、Linux、iOS、Android 等主流操作系统。作为一款能有效提升工作效率和生活质量的生产力工具，XMind 受到了全球千百万名用户的青睐。

接下来我们通过详细的入门指引，带领大家快速掌握这款软件的使用方法，体会思维导图的魅力所在。

XMind 中的结构

在绘制思维导图时，我们有多种结构可以选择。这里以 XMind 中提供的结构为例进行说明。

1. 平衡图

平衡图是思维导图最基础的结构，可帮助使用者发散思维，纵深思考，其样式如图 2 所示。

图 2

2. 逻辑图

逻辑图用于表达基础的总分关系或分总关系，其样式如图 3 所示。

图 3

3. 时间轴

时间轴用来表示事件发生顺序或事情的先后逻辑，其样式如图 4 所示。

图 4

4. 组织结构图

组织结构图常用于表示组织层次的人员构成，其样式如图 5 所示。

图 5

5. 鱼骨图

鱼骨图能够清晰地表达因果关系，适用于原因分析等场景，样式如图 6 所示。

图 6

6. 矩阵图

矩阵图可用来进行项目任务管理或做个人计划，其样式如图 7 所示。

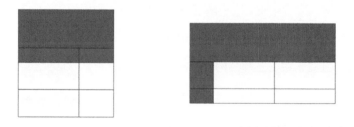

图 7

在绘制思维导图的过程中，可以根据不同场景进行结构选择，甚至可以混用各种不同结构，用恰当的思维方式来表达头脑中的复杂想法。

XMind 中的主题

XMind 中有四种不同类型的主题，分别是中心主题、分支主题、子主题和自由主题，如图 8 所示。

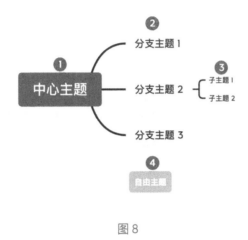

图 8

- 中心主题：思维导图的核心，占据思维导图画布的中心，每一张思维导图中有且仅有一个中心主题。
- 分支主题：中心主题发散出来的第一级下级主题。
- 子主题：分支主题发散出来的下一级主题。
- 自由主题：独立于中心主题结构外的主题，可单独存在，作为结构外的补充。

XMind 中的主题元素

XMind 中有联系、概要、外框、笔记、标注、标签、链接、附件等主题元素，可以用来对主题进行分类、补充和强调，突出主题间的逻辑关系。

1. 联系

联系是思维导图中用于显示任意两个主题之间特殊关系的自定义连接线。如果两个主题之间有关联性，可以用联系将二者关联起来，并添加文字来描述这个关系，其样式如图 9 所示。

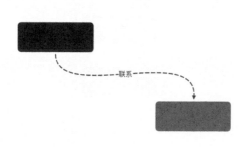

图 9

2. 概要

在 XMind 中，概要用于为选中的主题添加总结文字。当想对几个主题进行总结和概括，并进一步对主题进行升华时，可以添加概要。概要的样式如图 10 所示。

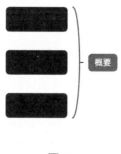

图 10

3. 外框

外框是包围主题的封闭区域，其样式如图 11 所示。当想强调某些主题内容，或告诉他人某些特殊概念时，可以用外框将这些主题框在一起并添加文字说明。当多个主题有相同的属性时，也可以用外框效果凸显这些主题，如图 11 所示。

图 11

4. 笔记

笔记是用于给主题添加注释的文本。当想对一个主题进行详细阐述，但又不想影响整张思维导图的美观性时，把文字放入笔记是一个很好的方式，其样式如图 12 所示。

图 12

5. 标注

添加标注是插入附加文本的好方法，可以很好地为主题添加注解。在 XMind 中，标注不是一个单独的元素，而是主题的一个附属部分，其样式如图 13 所示。

图 13

6. 标签

使用标签可以起到分门别类的作用，当想对主题进行分类时，可以为主题添加标签，其样式如图14所示。

标签1 标签2   标签3 标签4

图14

7. 链接

XMind支持在主题中插入相关内容链接，包括网页链接、主题链接、本地文件链接，单击链接即可跳转至相应内容界面，其样式如图15所示。

http://www.xmind.cn

图15

8. 附件

XMind支持在附件中插入另一张思维导图或各种格式的文件。插入的附件将变成一个新的主题，单击即可预览，其样式如图16所示。

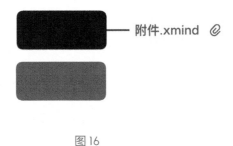

附件.xmind 🖉

图 16

XMind 中的视觉元素

视觉元素是思维导图中很重要的一部分，XMind 支持插入标记、贴纸和本地图片来使思维导图更形象生动。

1. 标记

标记是绘制日程规划类思维导图、项目管理类思维导图，以及一些对时间节点、进度和人员安排要求严格的思维导图时常用的利器，可明确显示任务的优先级、完成程度等，还可用来记录责任人在完成任务过程中的情绪变化，其样式如图 17 所示。

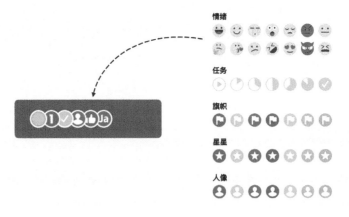

图 17

2. 贴纸

贴纸能让思维导图向美观和丰富更进一步。XMind 内置了多款精心设计的贴纸，能满足商务、教育、旅游等不同使用场景的需求，如图 18 所示。

图 18

3. 本地图片

图片能刺激我们的视觉感知力，从而使我们产生更多想法。XMind 支持插入本地图片，可以使思维导图更具个人特色，如图 19 所示。

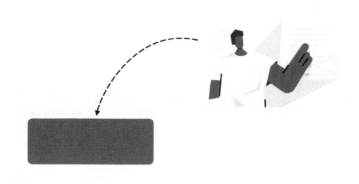

图 19

XMind 操作入门

XMind 的操作非常简单，在 PC 端、移动端下载 XMind 客户端后，花上三分钟熟悉一下界面，几乎所有人都能绘制简单的思维导图。

下载 XMind 客户端

PC 端（Windows、macOS、Linux）用户可以从 XMind 官方网站（www.xmind.cn）下载。移动端用户需在苹果商店 App Store 或 Android 各大应用商店下载。接下来以 PC 端 XMind 为例，分享如何在 XMind 中新建思维导图。

新建思维导图

可以新建空白思维导图，选择已有的主题，也可以在图库里打开模板。如图 20 所示，新建时会显示软件内置的精美主题。选择喜欢的主题，单击"创建"按钮即可开始绘制思维导图。

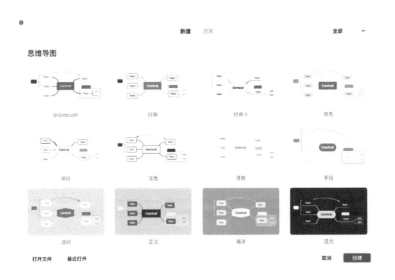

图 20

添加主题

1. 添加分支主题

添加分支主题的方法有三种。

第一种：选中主题，单击工具栏中的"主题"选项进行添加，如图 21 所示。

图 21

第二种：选中主题，在菜单栏的"插入"选项中选择"主题 { 之后 }"或"主题 { 之前 }"进行添加，如图 22 所示。

图 22

第三种：选中主题，用如下快捷键进行添加。

- Windows：Enter（回车键）。
- macOS：Return（回车键）。

2. 添加子主题

这里同样介绍三种添加子主题的方法。

第一种：选中主题，单击工具栏中的"子主题"选项进行添加，如图 23 所示。

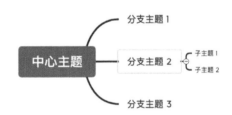

图 23

第二种：选中主题，在菜单栏的"插入"选项中选择"子主题"进行添加，如图 24 所示。

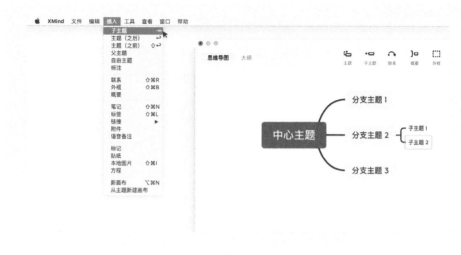

图 24

第三种：选中主题，通过 Tab 键进行添加。

3. 添加自由主题

在画布空白处双击鼠标左键即可添加自由主题，如图 25 所示。

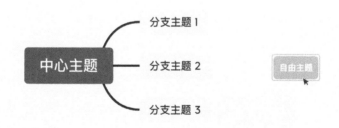

图 25

添加主题元素

选中主题后，在工具栏中单击对应的按钮即可添加联系、概要、外框、笔记等主题元素，单击"插入"按钮可以添加标签、链接、附件等主题元素，如图 26 所示。

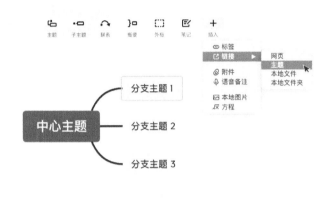

图 26

添加视觉元素

在思维导图界面右侧的图标面板中，选中主题即可添加标记、贴纸等视觉元素。插入标记后，便可以在思维导图中显示这些元素，如图 27 所示。

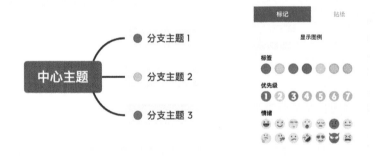

图 27

删除和撤销

当想要删除思维导图中的内容时，选中想删除的部分，按删除键（Delete）即可实现。当想撤销本次操作时，可以使用组合快捷键。

- Windows：Ctrl + Z。
- macOS：Command + Z。

更改样式

XMind 支持对主题结构、形状、填充颜色、边框等各种样式进行自定义。所有关于样式的修改，都在软件窗口右侧的"格式"面板中进行，选中主题即可更改。比如更改思维导图的结构时可以如图 28 所示进行操作。

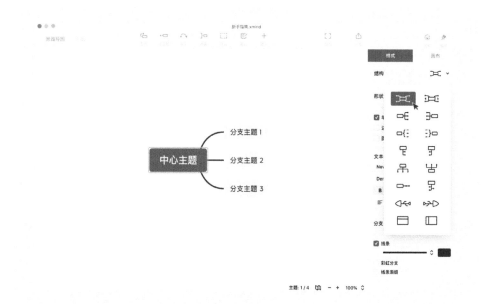

图 28

更改主题的呈现形状时，操作如图 29 所示。

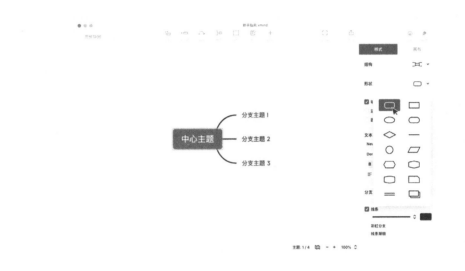

图 29

除了自定义主题样式，还可以用快速样式更便捷地对主题的重要程度进行标记，比如可以将主题标记为极其重要、重要、删去、默认等，如图 30 所示。

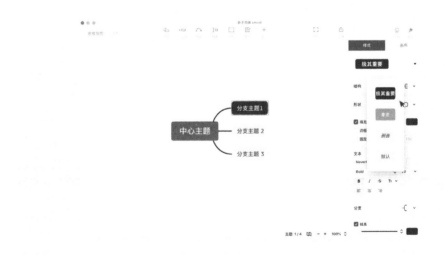

图 30

分享和导出

XMind 支持导出 PNG、SVG、PDF、Markdown、Excel、Word 等不同格式文件，也可以将思维导图通过邮件（E-mail）、印象笔记（Evernete）软件等分享出去，如图 31 所示。

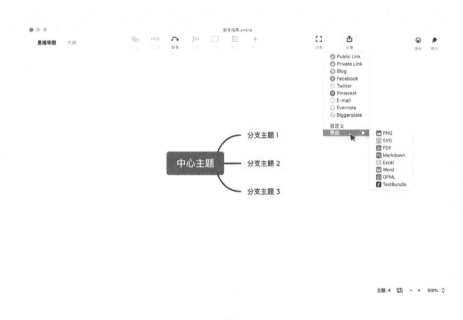

图 31

至此，我们已经介绍了思维导图的理论知识和 XMind 软件的简单操作。那么究竟如何将思维导图应用于学习、工作和生活中，让它真正提高我们的学习和工作效率，使我们做到想问题更有条理、做事情更有方法呢？

别着急，接下来我们将和大家一一分享！

part one

第一部分

延展思维，收获效率

现代社会飞速发展，无论你处在哪个行业、任职什么岗位，都离不开"思维延展"
和"效率提升"这些关键话题。在这一部分中，我们将带大家初步认识思维导图及
XMind，给出常见工作场景下借助 XMind 收获"高效"的解决方案，从而帮助大
家消除焦虑、学会自律，在人群中脱颖而出。

第 1 章
关于思维的深度思考

本章要点

- 工作之余的自我提高
- 学会培养专注力
- 提升远程办公效率
- 管理时间，保持自律

01
8 小时之外，如何自我提高

焦虑和迷茫是年轻人的常态。但大部分人的焦虑只能为自己徒增烦恼，他们渴望向上却好逸恶劳，焦虑万分但碌碌无为。正如我们常听到的"间接性踌躇满志，持续性混吃等死"那样。

一时兴起的热血并不能让自身产生多大变化，成长是一场持久战。本篇就和大家分享如何正确利用空闲时间实现自我成长、自我提高，以及在这个过程中 XMind 能起到什么样的作用。

聚焦于真正有意义的事

事实上，上班族可支配时间少得可怜。不考虑因加班而被"压榨"的个人时间，工作之外能真正凑成整块的时间少之又少。因而，第一个建议是把时间用在刀刃上。

先想清楚自己到底需要提升哪方面的能力、补充哪方面的技能、学习哪方面的知识，然后专注地去做，聚焦于真正有意义的事。

- 专业技能：提升所在岗位的专业技能，如数据分析等。
- 通用技能：熟练掌握办公软件三件套（Word、Excel、PPT），以及思维导图（XMind）、Photoshop 等软件。
- 软实力：提升沟通能力、演讲能力、逻辑思维能力、管理能力、写作能力、英语能力等。
- 体能状况：包括饮食情况、健身情况、擅长的体育运动等。
- 兴趣爱好：包括乐器、绘画、跳舞、运动、烹饪等。

在寻找聚焦点的时候，可以先对自身现状进行分析，找到和理想状态的自己的差距，并设定好自己期待的目标。因为补足短板很多时候是能够迅速提高个人核心竞争力的突破口。很多时候，制约自己升职或往更好的方向发展的不是某方面的技能不够突出，而是短板太过明显。

在进行自身现状分析的时候，可以借助鱼骨分析法，覆盖技能 / 能力、人格特质、行为习惯、所处环境等方面，如图 1-1 所示。鱼骨图是 XMind 中常见的结构，可以用来进行事件分析、因果分析、问题分析等。

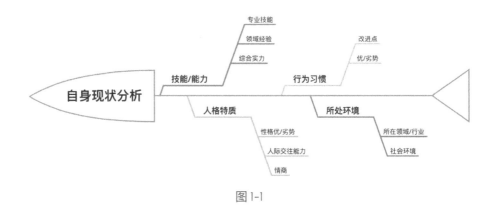

图 1-1

请确保所设定的目标是自己真正想达到且有动力达到的，这样执行起来才能少些阻力。延迟当下的满足是困难的，但实现目标的快感是无法比拟的。

不因其他事情分神

不可否认，想要专注似乎越来越难。现实社会的诱惑太多，随便刷刷微博、朋友圈、知乎、抖音，就能陷入无尽的时间黑洞里。好不容易收了收心想认真看会儿书，离开手机不到十分钟就想要再玩一会儿。

那么如何培养不因其他事情分神的能力呢？隔绝干扰是必经之路，沉下心来学习是很多人都缺少的优秀品质。同时进行多任务操作是很难的，学习时需要付出更多的专注力和耐心。而且人的工作记忆是有限的，任务一多效率就会降低。因此，不管做什么，保持高效的秘诀是在单位时间内只做一件事。

特别地，当你的头脑中有万千思维却不知道如何开始时，可以试试使用 XMind 的 ZEN 模式。在这个模式下，软件界面仅显示当前绘制内容，可自动为你隔绝一切干扰因素，让你沉浸在自己的思维中，专注于思维整理，如图 1-2 所示。

图 1-2

刻意练习

要想提升技能，浅尝辄止的学习方式无法做到，我们需要有针对性地刻意练习。

技能的养成需要时间和经验的累积。读 10 本创意书，听 10 次创意大咖的分享会，看无数个创意案例，这些并不能让你真正具有创意。只有切身应用、实践，把那些生成创意的方法落地，不断去尝试突破，才能提高创意水平。

因此，无论想提高什么技能，只有持续针对未掌握部分刻意练习才能不断精进。正所谓"纸上得来终觉浅，绝知此事要躬行。"

很多人问，如何学习 XMind。其实实际的操作非常简单，图 1-3 展示了 XMind 操作指南。只要尝试动手做一张思维导图，就能 get 到最基础的操作要领，用多了则会越来越顺手。

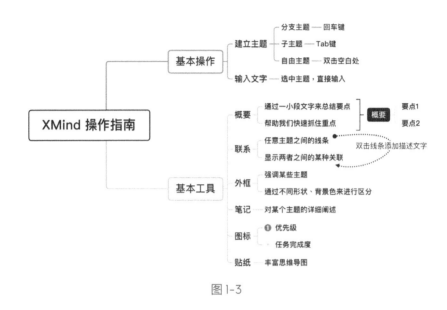

图 1-3

构建知识体系

越是在碎片化学习时代，越需要构建自己的知识体系，思维导图非常适用于对碎片知识进行整理和分类。比如当你看书时，用 XMind 归纳和整理读书心得无疑能加深理解和认知。图 1-4 展示了用 XMind 辅助阅读的过程。

不经过大脑分类加工的知识其实并不能被真正理解、吸收，没有内化何来举一反三？知识体系就像一张无形的网，我们要把在零碎时间中学到的内容进行归纳总结，分别放置到合适的位置，让它们融入其中。实验证明，经过分类存储的知识更容易提取。

本篇中，我们从聚焦、专注、练习、知识体系等方面介绍了如何在工作之余进行自我提高，尤其简单展示了如何借助 XMind 辅助自我成长。希望大家对 XMind 有初步印象，跟我们一起慢慢进入 XMind 的世界！

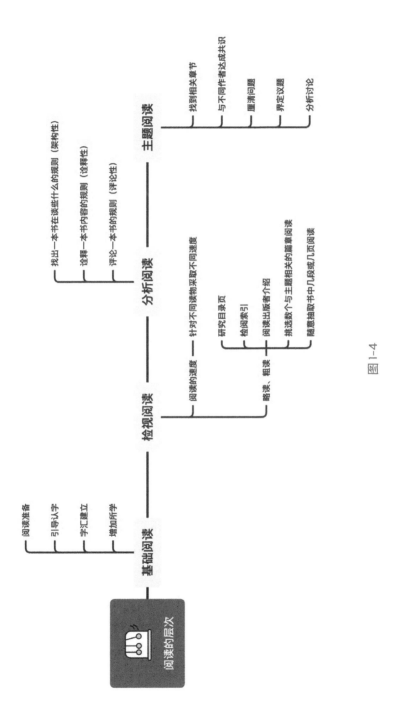

图1-4

02
告别精神涣散，从享受专注开始

一本书看不到 10 分钟就开始走神，工作时容易被各种社交网络的通知打断，无论何时何地都要经常打开手机查看消息……

这是碎片化时代人们的常态，不得不承认，"**专注**"在信息汹涌的今天已成了稀缺资源。本篇我们就从实操的层面和大家聊聊如何告别精神涣散，保持长时间的专注。

要想保持长时间的专注，我们只需做到以下几点。

- 一次只做一件事：普通人的大脑是单程运行的，一心多用还能保持高效的人不多，一次只做一件事是保持专注的前提。
- 避免信息干扰：远离社交媒体，回避干扰信号。如果害怕错过重要信息，可以设置固定的查看时间。
- 从一件可以快速集中注意力的事情开始：可以先从做喜欢的事情开始，这种做法可以让你很容易进入沉浸状态。
- 分解工作量：将一件看起来很难的事情进行拆解，量化成一个一个细小可执行的任务，然后一步一步坚定地执行。
- 设置即时反应程序：即时反应程序是大脑做出的习惯性反应，一走神就给自己做积极的心理提示，一旦形成这种反应，就能抵御外界的诱惑，做到长时间专注。
- 在固定时段工作、学习：每天设置一个固定的工作、学习时段并养成习惯，这是减少意志力损耗的有效手段。建议设定一个日程计划，并将需要长时间专注的任务放在固定的时间执行。重复尝试，最终养成习惯。
- 学会适当休息：适当休息能有效缓解你的疲倦感，让大脑得到应有的放松，及时充电。注意，这里的休息并不是刷手机，而是一个心理放松。

- 找到那个不可抵挡和变更的动力：为每一段时间设置一个目标，只要完成目标的决心足够强，实现沉浸式学习的概率也就更大。

相信很多人看到以上的方法后会说："虽然讲得很有道理，但我就是管不住自己怎么办？"别着急，试着像下面这样做。接下来我们将辅以 XMind 为大家提供告别精神涣散的好方法。

创造无干扰的环境

在 XMind 的 ZEN 模式下，界面中多余的元素都会被隐藏，没有其他多余的功能或程序来干扰你绘制思维导图。ZEN 模式用做减法的方式，让界面没有任何冗余，只保留绘制思维导图的功能。例如，我们可以认真思考，为自己绘制 2021 年年度规划，如图 2-1 所示。

图 2-1

享受专注的沉浸感

在 XMind 的 ZEN 模式下，你能真正沉浸在自己的想法中，把全部精力专注于当前绘制思维导图这件事上，专注于捕捉灵感、发散思维、厘清思路。当面临棘手问题时，我们可以开启 ZEN 模式，专注于问题本身，为问题找到出路，如图 2-2 所示。

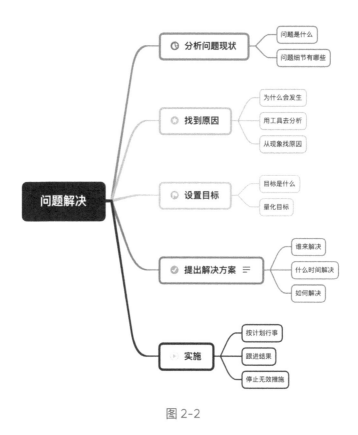

图 2-2

量化专注时间

量化专注时间可以为习惯的养成打下坚实的基础，通过记录在 ZEN 模式下的专注时间，你能更好地把控自己的工作进程，提高效率。专注时间记录了你使用该模式的时间，若想查看，只需要单击界面右上角工具栏中的时钟形状按钮即可，如图2-3所示。

图 2-3

善用酷炫的夜间模式

夜间模式能照顾到很多喜欢在晚上挑灯夜战的人，不仅更护眼，也更酷炫。图2-4显示了夜间模式效果，进入夜间模式只需单击界面右上角工具栏中的月亮形状按钮。在静谧的夜晚，使用令人感觉非常舒服的夜间模式绘制思维导图，有助于帮助使用者保持专注，边使用边享受。

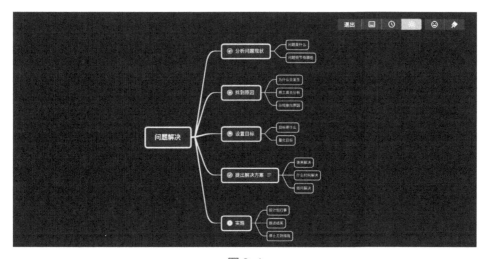

图 2-4

使用 XMind 的 ZEN 模式适合制作从无到有的思维导图，比如说准备一场演讲、进行现阶段的总结、设定中长期目标、书写活动策划方案，以及进行日程规划等。当一件事情毫无头绪不知道如何下手时，我们可以用 ZEN 模式，在思维导图的世界里静下心来理一理。

专注是一件能让人**产生持久快感**的事，希望看完本篇内容的各位读者能够轻松习得这个技能。

03
远程办公，如何解决效率低下问题

越来越多的企业自发选择了远程办公模式。但因为沟通不畅而带来的信息不对称、效率低下，甚至内耗等问题，使得远程办公对于管理者和员工而言都是难度不小的考验。远程办公的弊端如何避免？尤其是如何借助 XMind 解决远程办公效率低下的问题？本篇我们就来聊聊这个话题。

远程办公的利与弊

在愉快地拥抱远程办公前，我们先来看看远程办公的利与弊。总的来说，远程办公的好处是显而易见的。

对于员工来说，远程办公的好处如下。

- 节省了通勤时间，拥有更多时间自由度。
- 可以居住在自己喜欢的城市，节省大城市高昂的房租成本。
- 避免因被频繁打扰而使时间碎片化，可以有较多独立自由的工作时间。

对公司来说，远程办公有以下好处。

- 可以打破地域限制，网罗全世界的优秀人才。
- 在一定程度上节省了设置办公室的固定成本。

然而，因为物理上的距离和缺少形式上的监督，远程办公对员工的自觉性要求会更高，同时还要求员工有较强的沟通能力和独当一面的能力。

在 XMind 团队中，同样有相当一部分同事是远程办公的。因而在招聘时，独立性和自我驱动能力显得尤为重要，在这个基础上，我们再来谈如何提高远程办公的效率更为恰当。

重叠且固定的工作时间

为解决沟通异步问题，达到真正的高效协同，需要设定一段重叠且固定的工作时间。

有重叠的上班时间是团队得以同步沟通、保持节奏一致的重要保障，即使员工之间有巨大时差，也要保证所有人之间每天有 4 个小时的重叠办公时间。对于每个员工而言则需要有固定的工作时间，为了保证沟通同步，并让工作时间和休息时间有明显区分，自我设定上下班时间很有必要。

创造无干扰的工作环境

在正常工作日中，办公室里的人们会被各种各样的琐事打扰，工作时间被切割成无数的碎片。而远程办公很好地解决了这个问题。相较于在办公室中，远程办公中的你会拥有更多独立、完整的时间，更容易进入工作状态。

如果在家办公，应尽量开辟出一个相对无干扰的空间，隔绝家人或宠物的干扰。应尽量保持办公桌面干净整洁，确保基础设施可靠，搭建好稳定流畅的网络环境。

任务的计划、拆解和管理

远程办公中很重要的一点是科学地划分工作量和设定里程碑。在团队中，每个人都不是独自作战的，一旦涉及协同和分工就不得不提到任务的计划、拆解和管理。

就任务的宏观层面而言，将任务透明化非常重要。这样不仅能让整个项目组所有的成员了解项目的情况和进度，清楚了解自己在整个项目中的位置，还能极大地增加成员们的参与感和认同感。

就任务执行的微观层面而言，良好的任务计划、执行和反馈闭环非常重要，这会使所有环节清晰、高效。

高效沟通的建议

远程办公对高效沟通这件事要求更高。要想提高沟通效率，我们应该做到以下几点。

1. 限定时间内回复

远程办公将面临异步沟通问题，因延时过长而导致的低效其实很容易克服。这也是我们前面强调"重叠且固定的办公时间"的重要性。

2. 前期做好充分准备

所谓沟通，就是逻辑思维的完美配对。思路清晰、细节完备、表达完整都是高效沟通的必备元素。

讲到梳理思路就不得不提 XMind 了。在进行沟通前，先将自己的思路用 XMind 梳理清楚，这样在表达时会更清晰，也更有条理。比如图 3-1 是 XMind 团队市场部的同事在某次分享会中展示的关于 SEO 的局部内容。

而当涉及资源整理和资料共享时，用 XMind 的附件功能整理好，能极大减少文件收发的杂乱。比如当你收集了很多各种各样的参考素材时，可以用 XMind 将它们分别整理好，如图 3-2 所示。

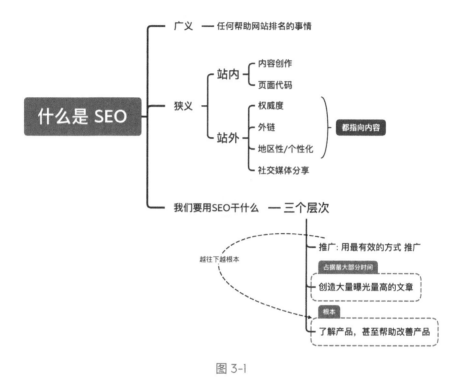

图 3-1

图 3-2

3. 借助工具

可以利用视频在线会议软件、屏幕共享软件等实现远程高效协同交流。

XMind 团队经常通过"Zoom + XMind"的结合方式进行沟通。借助 Zoom 进行屏幕共享，用 XMind 进行思维展示。特别地，用 XMind 的 ZEN 模式，搭配主题折叠和展开功能进行屏幕共享几乎屡试不爽，省去了做 PPT 的时间。如图 3-3 所示，当你和同事分享产品运营中的 AARRR 模型相关知识时，可以折叠起所有子主题。

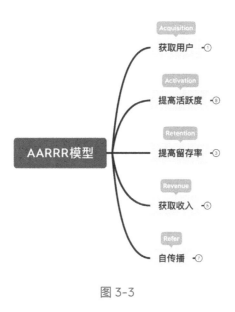

图 3-3

而当你在阐述每一个具体分论点时，可以一一展开子主题，展示更多细节，如图 3-4 所示。

工具的选择因人而异，大家可以选择自己喜欢的，最重要的是团队成员们能达成一致。归根结底，远程办公是否高效的根本还是在于员工是否具有自我驱动力。

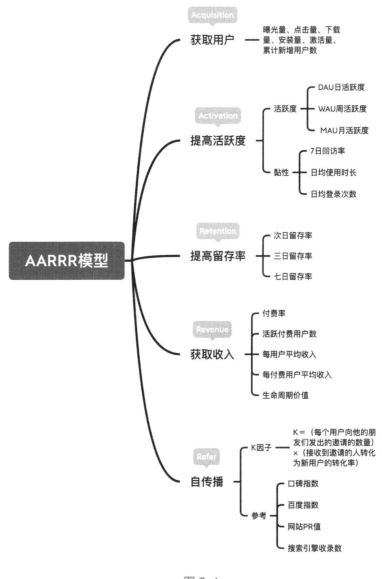

图 3-4

4. 认清每件事的优先级

形成自己的问题处理优先级体系。按优先级分类，再按不同的方式来处理。

紧急的事情可以用即时沟通工具来解决，更紧急的事情可以打电话处理。其余对时间不敏感的问题，可以收集起来集中处理。例如，我们在处理事情时，可以借助 XMind，用四象限的时间管理方法来进行事项的优先级排列，以 XMind 团队运营人员的日程规划为例，如图 3-5 所示。

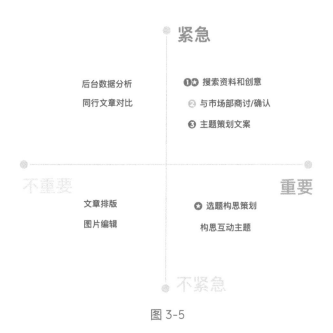

图 3-5

5. 重视文档编写

正因为远程办公让沟通成本变高，因此对文档的要求也更高。应该尽可能将细节梳理清楚，提高对细节的重视程度是降低歧义产生的有效方法。在撰写文档时，可以用 XMind 先把基本思路梳理清楚，以撰写产品登录功能的相关文档为例，如图 3-6 所示。在清晰的思维脉络基础上，可以进一步形成详细的文档。

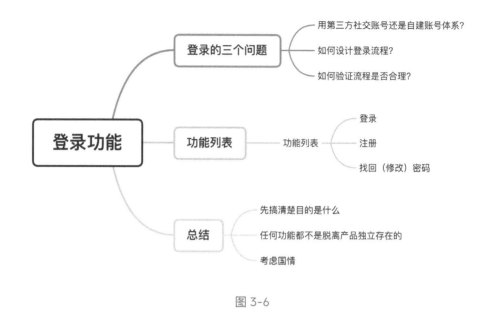

图 3-6

6. 降低信息壁垒

保证所有人在必要的时候都能得到自己所需的信息，保证员工随时都可以得到与工作相关的内容。

7. 注意语气和措辞

保持客观且友善的沟通能极大减少沟通过程中造成的不必要的摩擦和隔阂。这一点在 XMind 中也能得到体现。当你利用 XMind 整理沟通内容时，可以添加相应的贴纸和标记让沟通的过程更轻松愉快，以整理内容策划思路为例，可以使用表情贴纸表达情绪，如图 3-7 所示。在思维导图中添加贴纸会让整张图更生动活泼，XMind 中提供了许多精美的贴纸，可根据个人喜好进行添加。

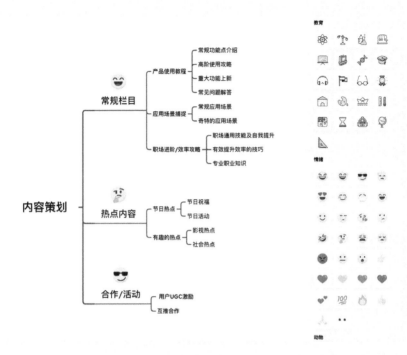

图 3-7

04
时间管理：最强自律换取最丰沛自由

很多人常常抱怨工作失衡、生活杂乱、情绪焦躁，越努力反而越容易陷入穷忙族（working poor）的怪圈，越挣扎越容易陷入习得性无助（Learned helplessness）的深渊，不可自拔。其实这是时间管理出了问题。

警惕忙碌

社会高速运转，信息爆炸式增长，不可否认，我们正处在一个信息过度的时代。即时通信工具的发展让沟通变得越来越方便，但也极大占据了工作外的休闲时间。这个社会对"工作狂"更青睐，正所谓"Time waits for no man"（时不我待）。由于阶级固化，普通人的上升渠道变窄，因此想要打破阶级就必须付出比常人更多的努力和时间。

为节省人力成本，很多用人单位总是尽量"压榨"员工的劳动力，不合理地分配工作量，直接导致加班成常规。

在"流行性忙碌"状态下，很多人觉得自己的时间异常宝贵，但每天都有那么多的事情要忙，因而没有时间去规划和管理自己的时间。事情越来越多，重要紧急的事情却没有得到更好的规划，人们便陷入了忙碌的恶性循环。

永远在忙工作，仿佛没有时间料理自己的生活，没有时间锻炼，没有时间谈恋爱，没有时间做自己喜欢的事情，人生似乎失去了乐趣。但其实，越忙，越需要做好任务梳理，越需要严格进行时间管理。良好的时间管理不仅能提高工作效率及工作质量，还能提高个人幸福指数，让自己成为自己喜欢的人。

如何进行有效的时间管理

关于进行有效的时间管理，吉姆·兰德尔在《时间管理：如何充分利用你的 24 小时》一书中给出了以下几点建议。

1. 意识是时间管理的先决条件

只有对时间的流逝高度敏感，才能成为一个高效的时间管理者。

不妨先思考一下过去的 72 小时自己是怎样度过的，做一下简单分类。通过记录分析，大概了解原本的时间路径，从中发现问题。时间效用太低，这就是感觉每天都从早忙到晚，但结果却不尽如人意的原因。

先了解自己是如何花费时间的，再考虑如何有效管理自己的时间。把时间当成一种资产，记录时间会让你对生命资产保持敏感。如图 4-1 所示，我们可以用 XMind 通过思维导图的方式对自己每周的时间进行规划，这样更加清晰。

2. 建立行动线路图

只有当确定了努力的方向和目标时，才能决定应该如何安排自己的时间。首先确定长期目标，然后设立可实现的短期目标。为了达到这个短期目标，需要设立具体的行动路径。

从现状出发到目标实现，要经过哪些步骤，要花费多少时间，该怎么挤出这些时间？建立起一个具体的行动线路，有助于更好地将实现目标的道路可视化。

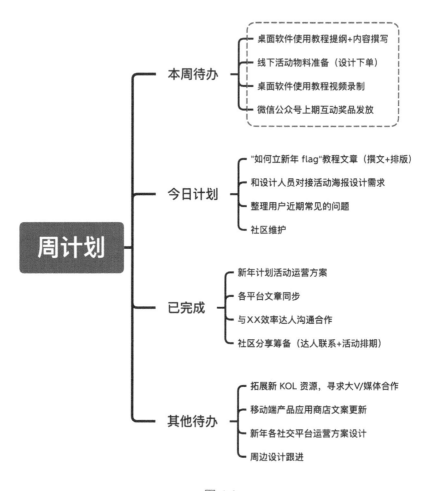

图 4-1

以一个"我想拿驾照"的小目标为例，了解具体的考试内容并预估学习时间，做好相应的安排，这样能让你离这个小目标更近一点。在规划学车进程时，可以使用 XMind 软件，用时间轴结构，如图 4-2 所示。

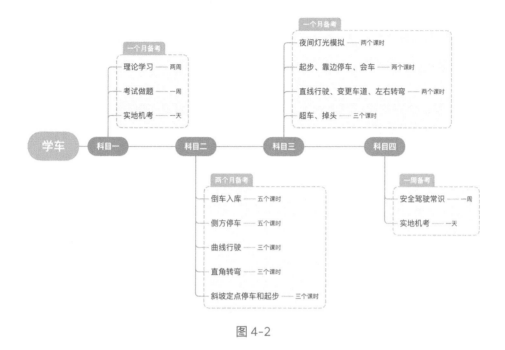

图 4-2

3. 时间管理在很大程度上就是选择

托尼·罗宾斯认为，通过在当下的满足与牺牲之间进行选择，你可以规划自己的人生，而如果不做出选择，你就只能任由其他力量主宰自己的人生。选择那些必须要做的事情，虽然当下会有点痛苦，但收获带来的快感会比现在享乐的快感强烈得多。

可操作的时间管理方法

前面我们介绍了为何需要进行时间管理，以及如何进行有效的时间管理，接下来我们就来聊聊具体的时间管理方法。

1. 把时间空档和有效精力匹配起来

时间管理管理的其实不是时间，而是个人的精力。在追求有效时间管理的过程中，并非所有的时间都是相同的。因为个人精力有限，一个人在一天中不同时间段的精神状态也不一样。既然这样，就应该在精力充沛的时候去做那些最艰巨的任务，而那些相对琐碎的事情就安排在精神状态一般的时候去做。

XMind 是一个有效的日程规划工具，我们可以通过罗列日常任务，把事项所需精力和完成度匹配起来。比如早上精力和头脑都在线，可以安排一些需要较多脑力的工作，如撰写本月媒介投放规划、撰写媒体邀请邮件等、撰写本月内容策划、确定排期等。中午比较困顿，可以安排一些轻松的任务，如文章排版、公众号发布、收集寄送礼品客户名单等，具体如图 4-3 所示。通过这样的安排，你会发现，不仅做事效率提高了，做事质量也提高了。

图 4-3

2. 充分利用碎片时间

充分利用每天的碎片时间能降低时间的日常损耗。

公交上、地铁上、饭店里、排队中，这些较为碎片化的时间值得被好好利用。早上很多人喜欢在地铁上玩游戏、看剧，休闲娱乐无可厚非，但在一天最开始、精力最旺盛的时候，如果能充分利用这段时间，可能会有更大的收获。

如果你的通勤时间较长，可以在地铁或公交上打开移动版 XMind，用前面介绍过的方法规划这一天的任务。XMind 在移动端上的使用体验和在 PC 端上同样优秀，图 4-4 为 iOS 版 XMind 的使用界面。利用好碎片化时间降低时间损耗，能让你用更佳的姿态开启新的一个工作日。

图 4-4

3. 列出待办清单，做好优先级排列

当各种任务铺天盖地袭面而来时，头脑杂乱如麻，焦虑感随之而至。当手头积攒了很多事情要做时，我们要明确每件事情的轻重缓急：列出待办清单，并将事情分为重要且紧急、重要不紧急、紧急不重要、不重要也不紧急四类，按轻重缓急排好优先级。

可以用 XMind 做一个如图 4-5 所示的日程规划项表，分别把手头上的事情按照四个象限进行划分。

图 4-5

每天早上在开始工作前花几分钟时间厘清思路，在每个象限内把待办事项对应填写进去（见图 4-6），这样做事不仅更有条理，还能避免错漏失职。

图 4-6

4. 拆解任务，克服拖延

每个人都有拖延症，特别是在任务比较艰巨的时候，内心那只贪图当下享乐的猴子就会窜出来诱惑你。然后事情就越拖越久，deadline 越来越紧迫，人越来越焦虑。

那么如何有效克服拖延呢？把困难的事情拆解成可执行的任务，这样可以降低执行难度。比如撰写毕业论文这种看似无从下手的艰巨任务，如果能把它按照进程进行拆解，明确每个阶段要完成的任务和时间节点（见图 4-7），会发现做起来并不困难。

5. 学会放松

得不到好的休息，就不能获得最佳的工作状态。在工作时间内保持充沛的体力有利于更专注地处理一天的工作，提高工作效率。

工作与生活的平衡来源于我们对时间的良好管理，来源于我们日常的高度自律，来源于良好生活习惯的养成。总而言之一句话：**越自律的人，越自由。**

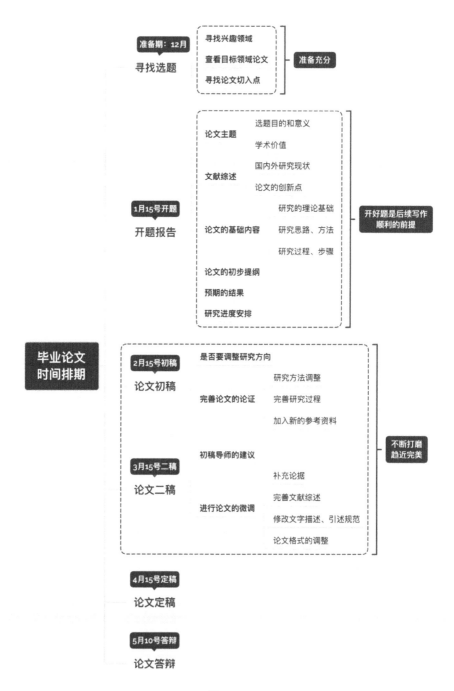

图 4-7

第 2 章
思维不受限制

本章要点

- 思维导图的意义
- 建立思维框架
- 实践清单思维
- 让思维变严谨
- 开展头脑风暴

05
思维导图的意义：让思维不受限

发散性思维是一种通过不断探索来激发灵感和创意的重要思维方法，拥有发散性思维可以让你在短时间内针对一个问题给出更多想法。这种发散性通常是自发的、非线性的、不断延展的、没有限制的。

思维导图是发散性思维的极佳承载工具。我们始终认为，发散思维时不应受到任何限制。一个好的思维导图工具应该可以让你在使用时从不同角度、不同方向，通过不同方法来思考问题。在 XMind 内，你可以真正不受限制，自由地发散思维。

不限主题数量，尽情发散思维

进行思维发散时，很重要的一点是，不要限制思维。

在 XMind 中，主题数量是不受限制的，你可以尽可能多地去表达想法。从多角度去思考，在有限的时间内把能想到的内容都记录下来。和纸张的空间有限不同，在 XMind 中可以随意地添加主题和分支，不管有多少想法，都可以列举和穷尽。

画布无限延展，自由激发创意

当你在 XMind 中进行思维发散时，并不会局限于一张思维导图或一个中心主题内。人的思维很奇妙，发散思维时往往会不断联想到相关的内容。如果想跳出当前的思维导图，专注于某一个细分想法，可以使用"从主题新建画布"功能，或者直接在画布栏中新建画布，如图 5-1 所示。

图 5-1

XMind 支持画布无限延展，极大扩充了思维边界，让你不仅可以横向地发散思维，
而且可以纵向地深入挖掘想法。

支持多结构，深度整理想法

XMind 除了能提供基础的思维导图结构，还能提供逻辑图、鱼骨图、矩阵图、树状图、
时间轴等结构。图 5-2 右侧部分展示了上述几种结构。

借助不同的结构，其实就相当于用不同的思维方式深度整理了想法。而且各种
思维结构间是可以相互转化的，当你的想法足够复杂时，还可以混用不同的思
维结构。

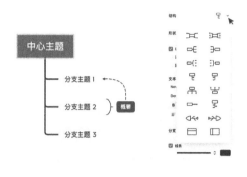

图 5-2

思维发散后，我们可以将所有想法按照一定逻辑重新排列和组合，合并同类项，让整体思路更加清晰。整理想法的好处在于，可以在不同的想法间寻找新的联系，从而激荡出更有创意的想法。

自由主题，打破结构限制

在 XMind 中，"自由主题"和"联系"是很强大的功能。如图 5-3 所示，在 XMind 2020 的高级布局内开启"灵活自由主题"和"主题层叠"后，自由主题就可以随意放置和添加了，完全打破了固定的思维结构。

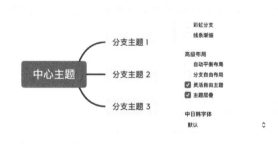

图 5-3

当想法高度发散时，可以用自由主题和联系来梳理这些想法。特别地，如果你的脑洞足够清奇，还可以用自由主题和联系辅助表达，不受结构限制，比如我们可以基于这种思路绘制二十四节气图，如图 5-4 所示。

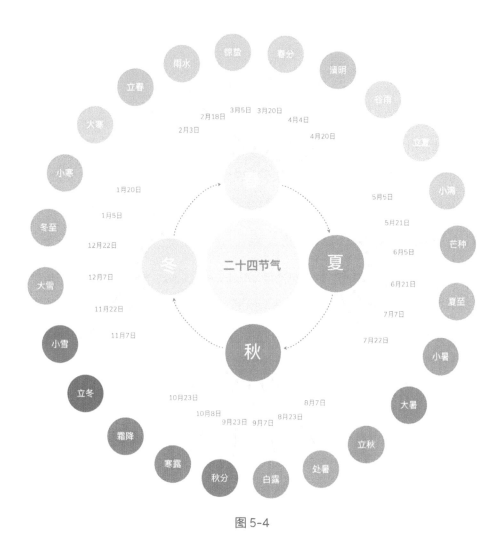

图 5-4

多样的内容呈现方式

图像元素是思维导图的重要组成部分。在 XMind 中，除了文字，还可以添加标记和贴纸来让思维导图更形象生动。除此之外，还可以插入超链接、附件、语音备注等丰富的主题元素来表达多元的信息结构。其中，附件的类型可以是文档、音频、视频等。图 5-5 展示了 XMind 支持插入的内容形式。

图 5-5

当你在捕捉灵感时，不管灵感来源是文档、图片、网络资料、邮件、笔记、视频，还是各种各样的其他文件，都可以用 XMind 一一整合起来并清晰呈现。

全平台都好用的思维导图工具

XMind 是跨平台思维导图工具，无论是 Windows、Linux、macOS 等 PC 端系统，还是 iOS、Android 等移动端系统，都能无缝兼容 XMind，让你获得流畅的思维导图绘制体验，如图 5-6 所示。

图 5-6

随着思维导图越来越被人们所熟知，市面上的思维导图工具也层出不穷，有的办公应用中甚至增加了思维导图功能。这是一件值得开心的事情，因为这说明已经有越来越多的人了解到了思维导图的魅力，并开始借助它来提升学习和工作的效率。但另一方面，工具的功能有限，可能会限制人们对优秀的思维导图工具的想象力。我们始终认为，一个好的思维导图工具不应该限制思维。

06
如何建立一套自己的思维框架

不管是面对工作上的困难，还是生活中的困境，能把其中的问题想清楚是我们向往的。思维有条理，思想有深度，思考有逻辑，大家都想成为这样的人。本篇我们将从实践出发和大家分享切实可行的思维框架构建方法。

为什么要建立思维框架

建立多元的思维模型，学会用不同的角度、方法去看待和解决问题，我们才能不断提升自身的能力。在很多情况下，我们的问题其实不是思维僵化，而是思维空白，面对难题无从下手。在这种情况下，积累一些想问题的思路和方法，可以让你快速找到突破口，从各个角度把事情想得清楚明白。

如何建立思维框架

大脑其实和肌肉类似，越练越快。因而，有意识地多做思维练习，在日常工作和生活中多思考、多总结、多提问，有助于建立起一套适用于自己的思维框架。思考的技能是后天习得的，学会如何思考是每个人在每个阶段都应该学习和掌握的。

思考的几个原则

在探究如何更好地进行思考时，应遵守以下几个原则。

- 决策时，尽可能全面地收集相关信息：去哪个大学，选择什么专业，选择什么行业，去哪个城市……应尽可能全面地收集相关信息才能做出更优的决策。

- 保持批判态度，质疑一切主张（包括自己的想法）：人类有很强的自我欺骗能力，很擅长为自己先入为主的想法寻找各种证据。因而，仔细检查自己的思考逻辑可以识别自身想法的漏洞和缺陷。
- 虚心聆听别人的想法，善于引入外部意见：认识到别人的错误比认识到自己的错误要容易得多，在做重大决策时，多听听他人的意见。
- 保持专注，将注意力集中在思考的问题和目标上：专注力是一种稀缺资源，思考时应尽量克服那些分散或干扰我们注意力的因素，更快、更有效地进行思考。

锻炼思维的有效方式

思维是越练越锐的，当我们想锻炼思维时，有以下几种方法。

1. 自由头脑风暴

聚焦在一个问题或争议点上，尽可能地发散思维，先不加评判，在发散完成后再进行逻辑的重组和整理，形成完整的见解。比如，当我们想对自己的笔记进行规划时，可以从工作、学习、收藏、生活等各个维度去发散和整理，用 XMind 辅助整理如图 6-1 所示。

2. 清单式思考

当不知道当下要做什么时，可以列出一份待办事项清单，界定每件事的处理次序和时间范围，然后一件一件把它们做完。我们将在下一篇详细介绍如何制作清单，培养清单思维，这里先不做讲解。

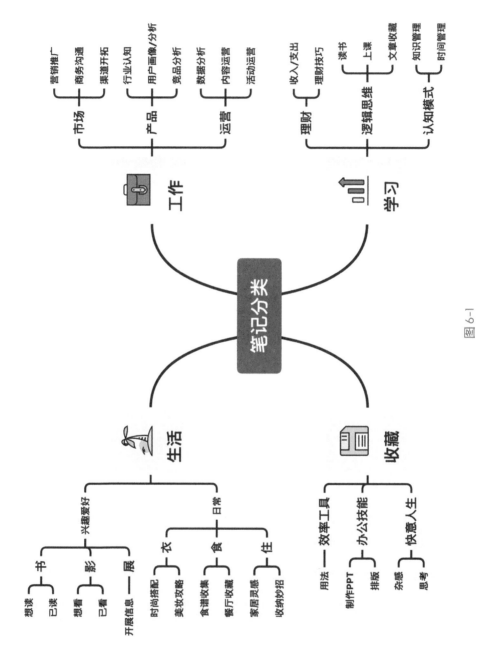

图 6-1

3. 写文章或即兴演讲

写作和演讲都需要有中心论点，更需要通过逻辑来论证观点。当尝试去表达时，思维即被激发。锻炼信息的传达能力，同时也能锻炼思维。

行之有效的思维框架

所谓思维框架，其实就是思考问题的思路和方法。积累尽量多的思维框架有助于我们建立起多元的思维模型，下面简单介绍几个常用的思维框架。

1. 逆向思维法

我们总是集中精力在想如何成功，但有时候想想为什么会失败可能更容易找到做对事情的方法。预先设想惨败结果，分析可能的原因并尽量避免，这比一味追求成功有效得多。

2. SWOT 分析法

SWOT 分析法是将各种主要内部优势（Strengths）、劣势（Weaknesses），以及外部的机会（Opportunities）、威胁（Threats），列举出来并依照矩阵形式排列，然后用系统分析的思想把各种因素相互匹配加以分析，从中得出结论的分析方法。SWOT 分析法矩阵如图 6-2 所示。

运用这种方法，可以对研究对象所处的情景进行全面、系统、准确的研究，从而根据研究结果确定相应的发展战略、计划及对策等。

SWOT分析法		
	积极	消极
内部	优势(Strength) 独特能力 特殊资源	劣势(Weakness) 资源劣势 经济劣势
外部	机会(Opportunity) 优势条件 对手的劣势	威胁(Threat) 劣势条件 对手的不良影响

图 6-2

3. 因果分析法

采用因果分析法一般要借助因果分析图，因果分析图又称鱼骨图，如图 6-3 所示。因果分析法是一种发现问题"根本原因"的有效方法。通过对问题的层层拆解，我们可以从表面的现象深挖至问题的本质。

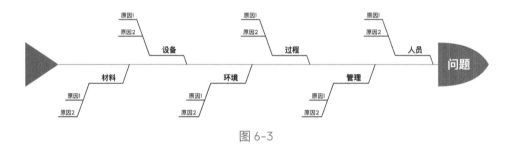

图 6-3

鱼骨图的绘制步骤如下。

- 明确要解决的问题，将问题写在鱼头部。
- 从各个角度进行思考，找出问题。

- 对问题进行分类，分组标注在鱼骨上。
- 列出产生各个问题的原因。

4. 矩阵法

矩阵法是一种用多维度的思考方式来激发创意的方法。当你在思考尽可能多的可能性的时候，可以用这种方式来寻找尽可能多的结果。举一个具体的例子，在思考饼干有多少种口味时，我们可以利用矩阵法绘制创意表格，如图 6-4 所示。通过这种方式，我们可以通过尺寸、口感、口味、夹心这四个维度的随机搭配组合，形成无数种创意结果。

创意饼干

	饼干A	饼干B	饼干C	饼干D
尺寸	中	小	大	超大
口感	软	硬	脆	厚实
口味	巧克力	香蕉	奶香	海盐
夹心	巧克力	菠萝	草莓	奶油

图 6-4

使用矩阵法的步骤一般如下。

- 抽象出尽可能完整的分解问题的维度。
- 对每一维度，通过反取、细分等操作，找出尽可能多的表现值，以构成维度矩阵。
- 在维度矩阵中不同维度的表现值之间尝试建立各种组合。

5. 金字塔法

金字塔法的原理如图 6-5 所示，要从中心论点出发，提供分论点的支持，先总结后具体，先论点后论据。总体来说就是，结论先行，以上统下，归纳分组，逻辑递进，从而做到观点鲜明，重点突出，思路清晰，层次分明，简单易懂。

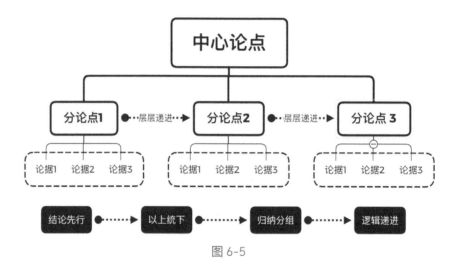

图 6-5

除了以上几种常见的思维框架外，还有 STAR 法则、SMART 原则、5W1H 原则、PDCA 模型、4P 法、AIDMA 法则等可供选择。

建立自己的思维框架时，最重要的其实不是使用现有的思维框架，而是学会如何更好地进行思考。

07
用 XMind实践清单思维

工作和生活中的压力与焦虑总是不期而至，导致我们总在繁忙中"怀疑人生"。为了抵抗生活中的种种焦虑，本篇将和大家分享如何利用 XMind 将清单思维应用于生活实践中。

清单的作用

清单是一个非常简单的工具，关键作用是培养意识和习惯。一旦形成"清单思维"，我们不仅可以学会把注意力放到重要的事情上，还可以提高生产力和执行力。从无头苍蝇般忙碌到清晰有条理地完成各种待办事项，清单思维的关键在于以实现目标为导向，其作用主要有三点。

把注意力放到重要的事情上

忙分两种，被动的忙和主动的忙。上级分配的各种任务，生活中细碎繁杂的事物，由焦虑驱动的忙碌……我们每天都要面对和处理各种事情，但人的时间和精力有限，清单的作用就是把我们从混沌中拯救出来。

简单地把要做的所有事情记录下来，然后审视每件事的必要性。简单问自己两个问题，如图 7-1 所示。

- 这件事紧要吗？是，留下。
- 这件事重要吗？是，留下。

如此，你可以把注意力集中在真正重要的事情上，主动地去处理想要做的和真正关心的事情。

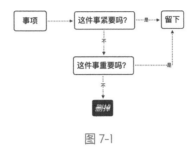

图 7-1

把任务流程化，检查遗漏、规避错误

清单在处理复杂任务时亦有妙用。在处理复杂问题时，可用清单梳理清楚每个步骤的流程，怎么做及注意事项。

执行时应关注每个流程的完成细节，把各项落到实处。这套设立标准作业程序的方法（SOP）被广泛应用于医疗、建筑、工业等领域。

SOP 即标准作业程序，指将某一事件的标准操作步骤和要求以统一的格式描述出来，用于指导和规范日常工作。撰写 SOP 文档的流程如思维导图 7-2 所示。

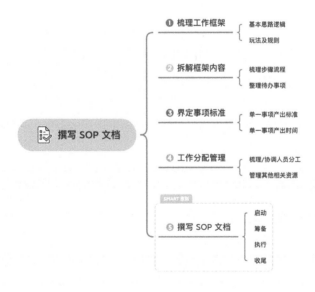

图 7-2

例如，手术操作清单可以极大避免医疗事故与疏忽，而为复杂问题设立的关键步骤执行清单则可为工作和生活建立秩序，提高学习和工作的效率。

拆解关键任务，建立执行清单

设立目标很简单，但做到很难。实现目标的关键在于为目标设定清晰具体的行动计划，即把目标拆解成清晰可执行的任务步骤，把看似困难的任务变成一个个可完成的小事情。我们可以用 XMind 列出每日的待办事项，建立清单，如图 7-3 所示。

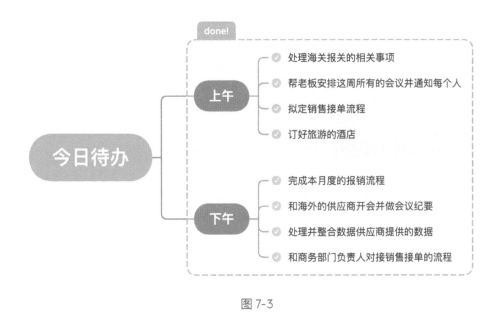

图 7-3

在不断划去事项清单的过程中，我们可以积攒对自身能力的信心，还能享受持续进步的快感。

清单的应用

清单的用法其实很简单，即把要做的事情记录下来，但这个简单的动作却能给使用者的工作、生活带来极大的改变。让我们从清单的实际应用场景中来感受清单的魅力。

待办清单

每个人的时间和精力都是有限的，把时间和精力放到哪里是个人选择。可以通过 XMind 列出所需完成的事项，清空你的大脑，让注意力集中在要完成的事项上，如图 7-4 所示。

图 7-4

检查清单

复杂的工作有多道程序和关键步骤，为每道程序设定清晰的检查要点可以在极大程度上规避错误，比如手术安全检查清单、飞机安全检查清单，以及上面提及的 SOP（标准作业程序）等。如果细节太多，通过检查清单便于一一核对，比如用 XMind 整理旅行前的行李清单的示例，如图 7-5 所示。

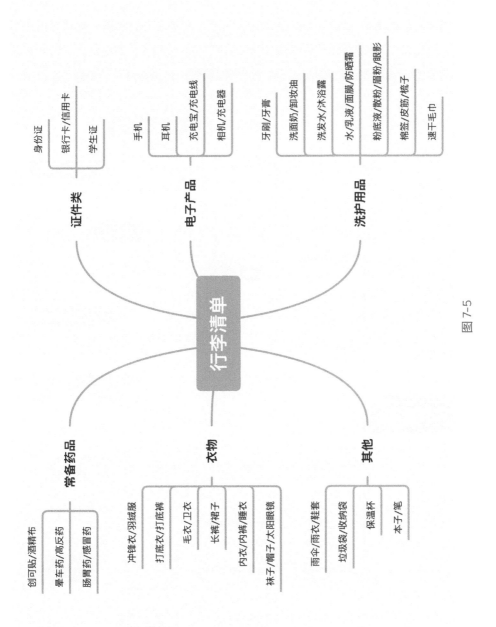

图 7-5

执行清单

不管是策划一场活动，还是撰写一份商业计划书，把事项进行拆解，梳理好步骤和流程，列出每个流程的待办事项并设定产出标准和产出时间，对应到人，这些都是必不可少的。用 XMind 把事项梳理清楚就可以得到一份执行清单，如图 7-6 所示。

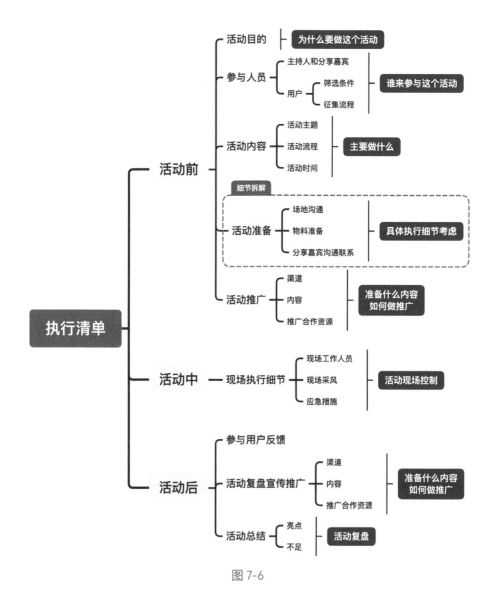

图 7-6

制订清单的原则

了解清单的多种应用场景后，接下来和大家分享几个制订清单的原则和方法，学会这些将让你制订的清单更具可操作性。

SMART 原则

SMART 原则是实施目标管理的重要方法，具体内容如图 7-7 所示。在进行清单规划时灵活运用这五个原则可以让你的计划更具可操作性。

图 7-7

具体的（Specific）

具体的事项比笼统的概念更容易执行。在制订事项类清单时，应将任务拆解成可执行的颗粒。比如"学习英语音标的元音部分"这种具体事项会比笼统的"学英语"更好执行。关键在于清晰、具体地写明要做的事情。

可衡量的（Measurable）

任务的工作量应是合理和可衡量的。在制订清单时，可以将任务量化成可衡量、可评估的事项，比如筛选 N 份简历，完成 3 位候选人的面试、做 30 分钟椭圆机训练和 5 组推背等。

可达到的（Attainable）

制订清单很重要的一点在于任务的拆解，即把困难的事情拆成一件件可完成的事项。即使有难度，但用力即可以完成。比如晚上看完十回《红楼梦》会比一晚上看完《红楼梦》更有操作性。不结合现实，远超出个人实践能力的待办事项没有意义。

相关的（Relevant）

事项清单要和要实现关键目标有强相关性。清单的关键在于让我们把注意力放到重要的事情上，制订清单时应关注是否围绕目标在展开行动。

有时间限制的（Time-bound）

为事项设定明确的完成时间，何时开始、何时结束等。合理分配时间才能让清单发挥最大价值。

PDCA 循环

PDCA 循环由美国学者爱德华兹·戴明提出，他将质量管理分为四个阶段：计划（Plan）、执行（Do）、检查（Check）、行动（Act），如图 7-8 所示。在制订清单时遵循 PDCA 循环原则，可以让我们进入持续改善的良性循环中。

不管是知识的增长，还是个人能力的提升，借助 PDCA 循环都能帮助我们更好地达成目标。

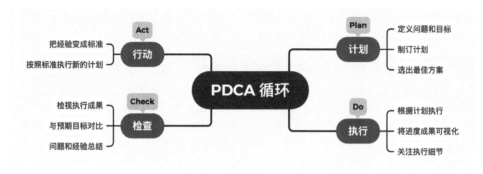

图 7-8

计划（Plan）

制订目标与计划。根据 SMART 原则将阶段性的大目标或工作任务进行拆分，规划每天要完成的待办事项清单。

执行（Do）

完成待办事项，执行任务。合理利用每天的时间，专注于每一件小事上，高效完成每日任务。

检查（Check）

检查关键点结果，核实目标。任务完成后，对齐和预期目标的差距。

行动（Act）

思考和反思，纠正偏差，持续改进和提升。

在每天的计划和盘点中，专注于每个可执行的小目标，持之以恒，形成一个良性的闭环。如此反复可减少迷茫和焦虑，我们也会对自己的人生更有掌控力。

08
借助 XMind 让思维更严谨、想问题更全面

不知道你是否会常常遇到以下状况？

- 思考时没有逻辑，大多数时候不知道从哪里下手。
- 讲话时没有条理，费很多口舌却很难把事说清楚。
- 处理问题时效率低，东捡西漏，忙得团团转效果却不佳。

如果你常常遇到上述问题，那借助结构化的思维导图能在很大程度上能帮你解决这些问题。本篇中我们就来聊聊，如何借助 XMind 让思维变得更严谨，从而想问题更全面。

结构化思维是什么

结构化思维是指从整体到局部的一种层级分明的思维模式。简单来说就是借用一些思维框架来辅助思考，将碎片化的信息进行系统化的处理，从而深化思维的层次，更全面地思考。

没有被结构化的思维就是零碎的想法，是混乱、无条理的点子的集合，而结构化思维是有条理、有层次、脉络清晰的思考路径，两者的对比如图 8-1 所示。

举个例子：当你在向上司汇报工作上遇到的难题时，是讲一大堆关于问题本身的抱怨更容易让人接受，还是抛出结论，然后按照**分析问题**、**找出原因**、**解决问题**的思路去汇报来得更清晰、更高效，更易于让人接受？

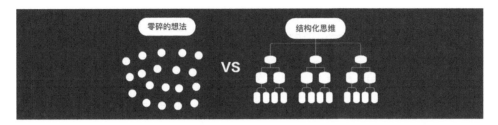

图 8-1

验证一个人的逻辑能力是否强，可以看他的语言表达是否有组织、有框架，想问题时思路是否清晰、有条理。因而结构化的思考方式不仅能提高你的思维能力，还能从实操角度让你"思考问题更有逻辑，与人沟通更加清晰，解决问题更有效率"。

如何培养结构化思维

了解结构化思维的好处后，我们来聊聊如何通过 XMind 来培养结构化思维，具体来说如下。

进行自下而上的思考

根据金字塔原理所说的，任何事情都可以归纳出中心论点，中心论点可以由三至七个论据支撑，每一个论点可以衍生出其他的分论点。按照这种方式进行思考，发散思维，就可以培养出金字塔结构的思维，如图 8-2 所示。

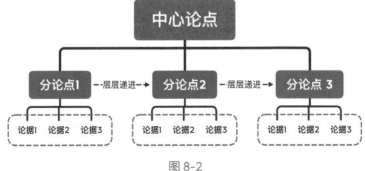

图 8-2

但是在你还没有掌握这种结构化思维方式时，直接用金字塔结构去思考问题是具有一定难度的。这时候我们可以采用自下而上的思考方式，具体步骤如下。

- 尽可能列出所有思考的要点。
- 找出这些要点之间的关系，对要点进行分类（找出要点间的逻辑关系，利用 MECE 原则归类分组）。
- 总结概括要点，提炼观点。
- 补充观点，完善思路。

我们可以先从发散思维开始，然后再进行总结。用这种方式思考，不仅更容易找到各个要点之间的逻辑关系，也更容易培养个人的结构化思维。举个例子，当我们在进行年度规划时，可以先将脑海中所有想到的内容用 XMind 的自由主题模式罗列出来，如图 8-3 所示。

图 8-3

在此基础上，我们对这些要点进行分类和概括，提炼出同类要点的共同点，即可形成一张完整的年度规划思维导图，如图 8-4 所示。

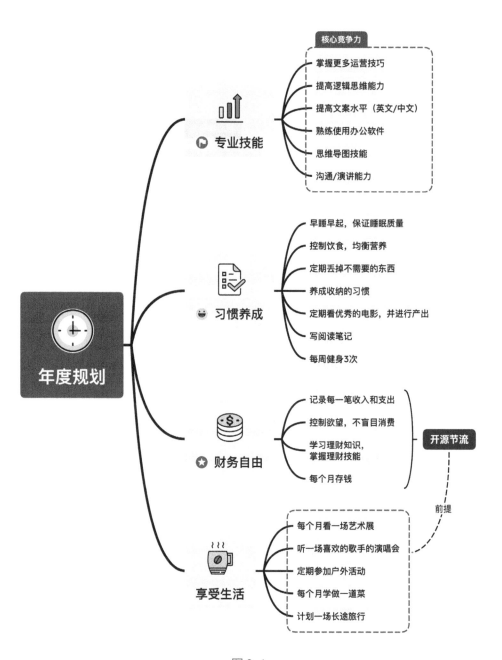

图 8-4

这里我们采用了向右延伸的逻辑图结构来保持整张图的结构均衡。在原先内容的基础上我们还可以用 XMind 的外框、概要、联系等元素来强化逻辑，比如用外框将内容框住表示强调，如图 8-5 所示。

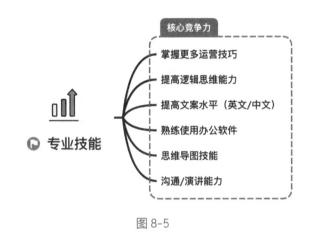

图 8-5

可用概要对内容进行总结和概括，如图 8-6 所示。

8-6

内容之间有关联性时，我们可以用联系来表达这层关系，如图 8-7 所示。

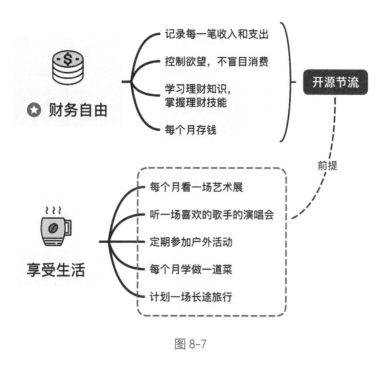

图 8-7

我们还可以为思维导图添加图标和贴纸等图像元素。可以根据主题的内容，在软件提供的贴纸库中寻找适合的贴纸，如图 8-8 所示。合适的贴纸会为思维导图增色不少，使思维导图更生动形象。

当你掌握这种逻辑的思考方式后，用其他的逻辑结构来辅助思考也会更容易。

进行自上而下的思考

在进行自下而上的思考练习后，对结构化思维会更熟悉，想问题的时候也更有思路。当能找到思考的方向时，就可以熟练运用自上而下的思考方式了。

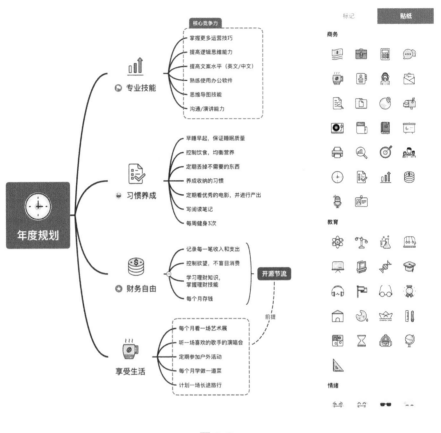

图 8-8

这种思考方式其实大家都很熟悉，和中学时代老师教我们写议论文的方式一致：首先要在开头就亮出自己的观点，然后分论点进行阐释，用论点 + 论据支撑进行议论，论点之间的关系可以是并列的，也可以是层层递进的，最后对文章进行总结和升华。

图 8-9 是用 XMind 做的销售收入影响因素的思维导图，展示了非常典型的总分结构化思维方式。当我们在思考销售收入由哪些构成时，根据实际情况，会想到价格、产品、服务、市场条件这四个方面，从这四个方面入手我们又可以联想到其他的因素。

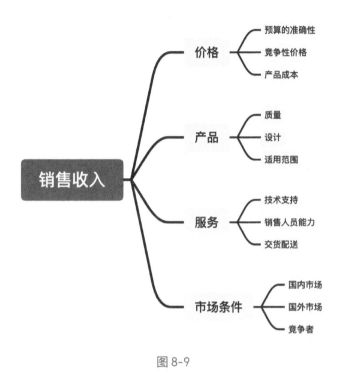

图 8-9

用这种方式思考，有助于形成、整理和构造思维导图，从而促进大脑自然有序地思考，让你更全面地去分析一个问题。下面我们介绍几种常见的自上而下的思考模型。

1. STAR 原则

STAR 原则体现了自上而下的思考方式。STAR 原则中的四个字母分别代表背景（Situation）、目标（Target）、行动（Action）、结果（Result）。

举个例子，写简历的时候可以根据 STAR 原则按照结果、背景、目标、行动的顺序来列出个人情况，论证自己能胜任这份工作的原因，从而增加简历的说服力，如图 8-10 所示。

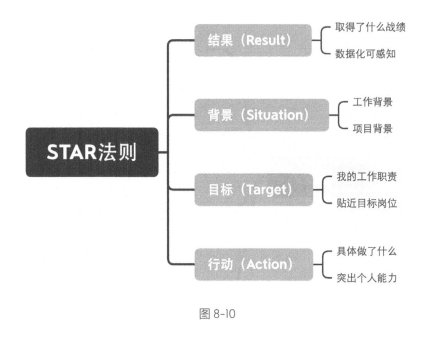

图 8-10

2. SWOT 分析法

前面我们已经介绍过思维导图中的 SWOT 分析法，其中 SWOT 分别代表优势（Strengths）、劣势（Weaknesses）、机会（Opportunities）、威胁（Threats）。

SWOT 分析法是商业中常用的分析方法，运用这种方法，我们可以对研究对象所处的情景进行全面的研究，从而根据研究结果制订相应的发展战略、计划及对策等。

3. 常见问题的解决方法

当你遇到问题时，可以根据分析问题、找到原因、设置目标、提出解决方案、实施的步骤来思考和解决问题，用思维导图展示如图 8-11 所示。遇到问题时，先从问题的现状入手，弄清楚问题是什么，去寻找问题的原因。弄清楚原因后，再进一步去设置目标、提出解决方案，而不是一上来就开始想到底要怎么做。

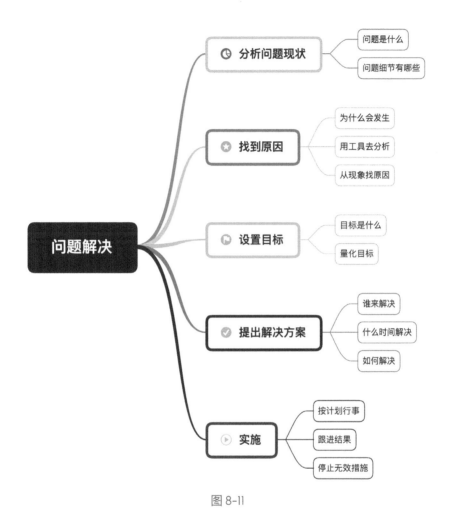

图 8-11

掌握流程化思维方式

采用流程化思维方式解决问题时，首先要找出事情发生的内在逻辑，思考的时候可以参照以下的逻辑顺序。

- 时间顺序：步骤、流程类。
- 程度顺序：事情的轻重缓急、重要性。

举个例子，在思考如何把一场线下活动办好时，可以按照活动前、活动中、活动后的时间顺序，用 XMind 梳理清楚在每个流程中能做什么事，并将之拆解为可执行的细节，如图 8-12 所示。

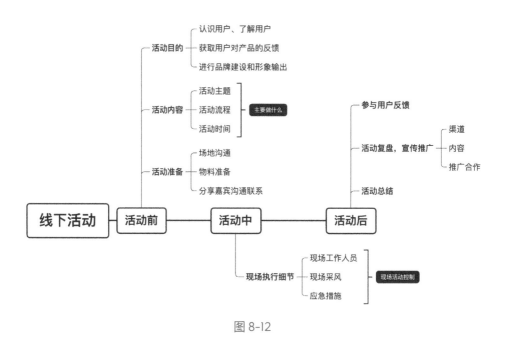

图 8-12

这里我们用时间轴的结构来表达活动的时间顺序，同样，在时间轴结构的基础上，我们还可以用概要和外框来进行总结和概括。这种有思考方向、有条理的思维方式能让你更有效率地解决工作上遇到的难题。

通过以上的方式养成结构化的思维方式后，想问题时会更有条理，通过归类、总结、并列、递进推理，你的思维将更有层次和逻辑性。

09
如何开展一场高效率的头脑风暴

当一个团队想通过群策群力来解决一个难题时，"头脑风暴"是必不可少的一环，但很多时候容易陷入两种极端。

- 陷于灵感枯竭状态，大家大眼瞪小眼，会议毫无进展。
- 聊"嗨"了，畅所欲言但漫无边际，离题万里。

毫无疑问，这两种情况都难以真正解决问题。那么如何开展一场高效率的头脑风暴呢？

有备而来的头脑风暴更高效

很多人开会是临时起意的，刚好有一个难题，就把几个人叫到一起开会，集思广益。但如果问题本身很复杂，那么这种毫无准备的"脑暴"很可能变成一场集体磨洋工的会议。因而，在开会前让每个人都有所准备是保障会议高效的前提。那么该如何更好地进行准备呢？在面临这些问题时，XMind 又该如何发挥功效呢？

1. 分析问题，拆解问题

在拿到一项任务时，首先要做的就是分析问题和拆解问题。比如领导布置的任务是"策划一场线下活动"，我们在思考这个任务的时候可以将其进行拆解，思考以下问题。

- 这场活动的的目的是什么？
- 目标受众是谁？

● 活动的形式是怎样的？

XMind攻略： 在进行问题拆解时，思维导图是绝佳的辅助工具。将复杂问题颗粒化，理出内在逻辑，思考起来会更有方向和条理。比如，我们在进行线下活动策划时，可以按照时间顺序，即活动前、活动中、活动后来构思整场活动，如图9-1所示。

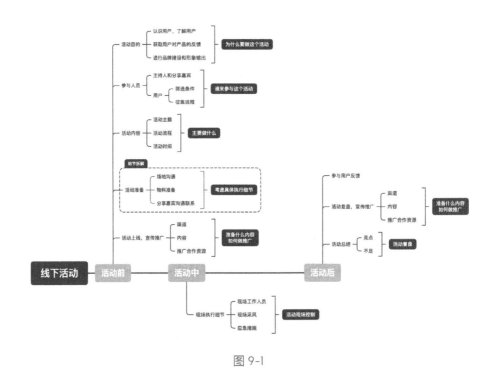

图 9-1

活动前考虑活动目的、参与人员、活动内容和活动准备，想清楚为什么要做这个活动，谁来参与这个活动，活动主要做什么，有哪些具体执行细节，如何做推广。一层层拆分，把整场活动想明白。

活动中则根据活动的整体流程，把现场执行细节确认下来。

活动完成后，则相应地对活动进行总结和复盘，做二次传播。

2. 搜集资料和案例

在拆解问题并理解需求后，很重要的一步是搜集资料。案例是创意和灵感的重要来源。很多时候，创意和灵感并不是凭空捏造的，而是在已有的认知和事物上形成的新的连结。当拿到一个难题不知从何下手时，过往的成功案例或许有迹可循。

但搜集资料并不是简单的罗列，更要进行**归纳、对比、延伸和迁移**。参考案例时切忌不加批判直接借鉴。

XMind 攻略： 思维导图是进行信息整理的绝佳工具。巧妙利用 XMind 的超链接和附件功能，可以快速地整理和归纳素材，更高效地搜集资料，如图 9-2 所示。

在案例罗列的基础上，还可以用概要、联系对案例进行归纳、对比，寻找创新的可能。

3. 限时极速"头脑风暴"

在搜集了一定的资料之后，我们需要来一场限时的"头脑风暴"。在短时间内让思维不断转动，在一定时间内写下能想到的所有点子，不断挑战自己的认知极限，寻找更多的可能性。

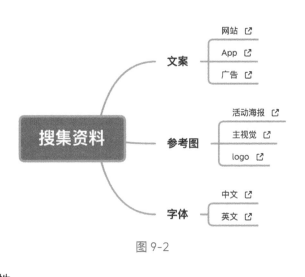

图 9-2

XMind 攻略： 如何打破固有的思维定势，充分发散？打开 XMind，写下能想到的所有想法，通过思维导图的一条条分支去挖掘更多的想法，不加限制地进行发散。如图 9-3 所示，当在构思商务计划书时，可以从各个维度来进行发散。

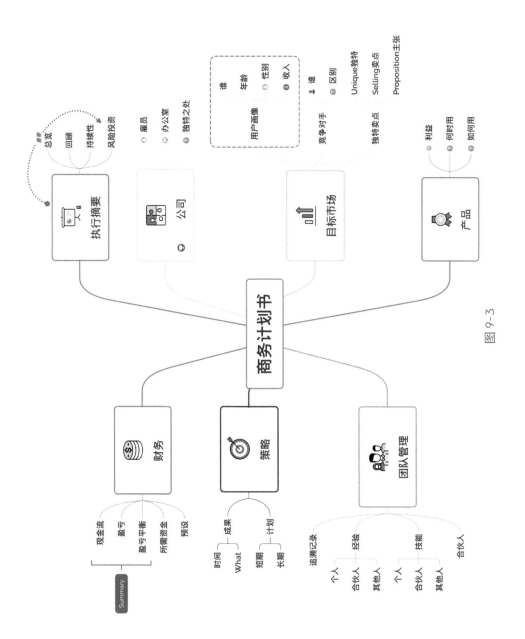

图 9-3

4. 整理、完善、补充

在限时"脑暴"后，或许你会得到一张密密麻麻的、写满各种想法的画布。但很多时候，这些想法是你遵循习惯路径想出来的，是粗糙的。这时候需要对这些内容进行进一步整理、完善、补充。

XMind 攻略：在限时发散的基础上，将自己发散的内容进行进一步整理，结合搜集的资料总结出几点较完整的想法，这次的作业就完成了，如图 9-4 所示。

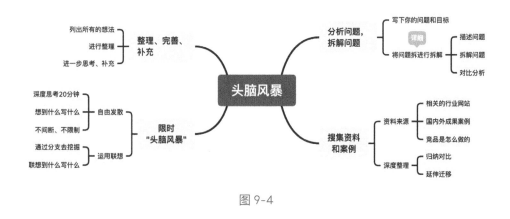

图 9-4

如果参会者都能带着深入思考过的想法和思路和大家进行思维的碰撞，那么这场会议无疑会更高效。

有组织的头脑风暴更高效

头脑风暴的意义在于思维的碰撞会激发很多好想法，每个人的思维方式不同，想问题的角度不同，互相交换想法可以获得更多灵感。那么在每个人都有所准备的基础上，如何开展一场更高效的头脑风暴会议？以下几点可供各位读者参考。

- **控制开会时间：**会议的时间不宜太长，少于 40 分钟为佳。如果议题实在复杂，可以分几次进行。

- **聚焦主题，自由发散：** 头脑风暴时必须有一个明确的主题，围绕着这个主题尽量发散。

- **以量求质，禁止批评：** 尽量鼓励大家发表自己的想法，不管是否可行，先不要急着否定。此外，在开会期间想到的别的点子也可以随时抛出来。

- **允许对别人的想法进行加工和改造：** 所谓抛砖引玉，很多时候别人的想法可以激发你更多的灵感和思考的角度。可以在这个基础上进行进一步的思考，尽量去优化和完善这个想法。

- **会议过程中做到有效记录：** 在"脑暴"过程中会有很多很精彩的想法突然涌现，及时记录和整理是使一场会议能够有所收获的重要保障。一来可以避免灵感转瞬即逝，二来可以避免离题万里。另外，可以在会议期间指定一个人进行记录，并进行投屏，让大家都能看到会议进度。

- **团队投票选出最优方案并进行任务分配：** 在进行了一番头脑风暴后，可以得出几个点子，大家投票选出最优选。在此基础上进行分工，直接将任务布置给各个负责人，在 XMind 中可以用图例来标注负责人，辅助任务布置，如图 9-5 所示。

最后，会议记录人将整理和总结的会议记录分享给所有人，各个负责人就可以开始动手完成任务了。到这里，一场高效的头脑风暴就实现了。

如果你经常困扰于头脑风暴的低效，以上方法不妨一试。

图例

- ① Priority 1
- ② Priority 2
- ★ 重要
- 市场总负责人
- 运营
- 开发工程师
- SEO专员
- 海外运营
- 设计师
- 媒介负责人

图 9-5

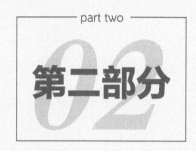

人人都用思维导图

全球约有上亿人在使用思维导图工具，从使用者的角度出发，小到背几个英文单词，大到梳理公司的上市方案，思维导图都是真正能给生活、工作、学习提供帮助的工具。在这一部分中，我们将从不同的简单使用场景出发，带大家领略思维导图初学阶段的易用性、普及性，以及它无处不在的魅力。

第 3 章
思维快速成长

本章要点

- 认识 SWOT 分析法
- 提高决策效率
- 做出读书笔记
- 有效提高记忆力

10
用 SWOT 分析法进行自我分析

认识自己和了解自己是每个人一生都避不开的功课。如何更清晰地了解自我？如何对自己有更清醒的认知？如何理性看待自身的优缺点？今天给大家提供一个观察自我的角度——用 SWOT 分析法更清晰地认识自己。

SWOT 分析法是什么

前面已经简单介绍过，SWOT 分析法将各种主要内部优势、劣势和外部的机会和威胁，通过调查列举出来，并依照矩阵形式排列，然后用系统分析的思想，把各种因素相互匹配起来加以分析，从中得出结论。

借助 SWOT 分析法，我们可以用 XMind 这个可视化思维导图工具，把头脑中的思路梳理清楚。运用这种方法，可以对研究对象所处的情景进行全面、系统、准确的研究，从而根据研究结果制订相应的发展战略、计划及对策等。

当我们面临压力或感到焦虑不知所措时，把自己当成一家公司或一个产品，进行全面而理性的自我审视和分析，会发现更开阔的世界。接下来我们从优势、劣势、机会、威胁这四个维度展开聊聊如何更清晰地认识自己。

用思维导图将优势、劣势、机会和威胁这四个部分进行拆解，如图 10-1 所示。

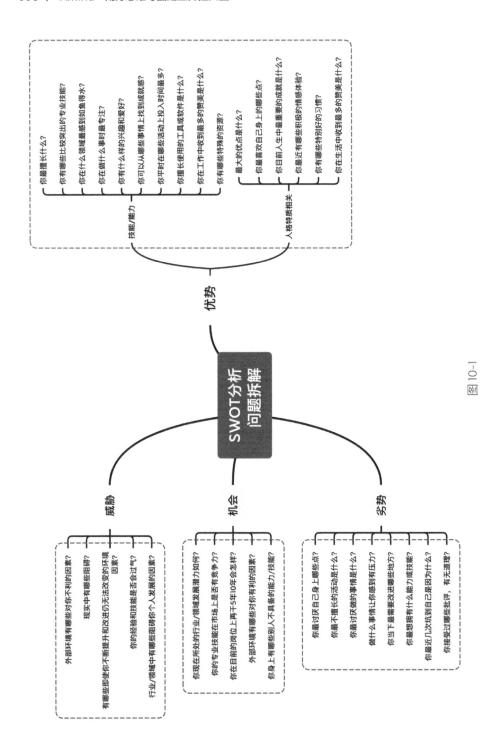

技能/能力
- 你最擅长什么？
- 你有哪些比较突出的专业技能？
- 你在什么领域最感到如鱼得水？
- 你在做什么事时最专注？
- 你有什么样的兴趣和爱好？
- 你可以从哪些事情上找到成就感？
- 你平时在哪些活动上投入时间最多？
- 你擅长使用的工具或软件是什么？
- 你有哪些特殊的资源？

人格特质相关
- 最大的优点是什么？
- 你最喜欢自己身上的哪些点？
- 你目前人生中最重要的成就是什么？
- 你最近有哪些积极的情感体验？
- 你有哪些特别好的习惯？
- 你在生活中收到最多的赞美是什么？

优势

SWOT分析
问题拆解

威胁
- 外部环境有哪些对你不利的因素？
- 现实中有哪些阻碍？
- 有哪些即使你不断提升和改进仍无法改变的环境因素？
- 你的经验和技能是否会过气？
- 行业/领域中有哪些阻碍你个人发展的因素？

机会
- 你现在所处的行业/领域发展潜力如何？
- 你的专业技能在市场上是否有竞争力？
- 你在目前的岗位上再干5年10年会怎样？
- 外部环境有哪些对你有利的因素？
- 你身上有哪些别人不具备的能力/技能？

劣势
- 你最讨厌自己身上哪些点？
- 你最不擅长的活动是什么？
- 你最讨厌做的事情是什么？
- 做什么事做让你感到有压力？
- 你当下最需要改进哪些地方？
- 你最想拥有什么能力或技能？
- 你最近几次沮丧到自己是因为什么？
- 你接受过哪些批评，有无道理？

图10-1

优势（Strength）

充分了解自身的优势有助于发挥自身特长，最大化个人长板。但出于自谦或自轻，很多时候大家很难做到客观，很难发现自己身上的闪光点。这一步最重要的一点是要做到"恬不知耻"和"自我欣赏"。

在罗列优势时，你可以在以下几个方面向自己多多提问。

在技能和能力方面，你可以问自己：

- 最擅长什么？
- 有哪些比较突出的专业技能？
- 在什么领域最感到如鱼得水？
- 在做什么事时最专注？
- 有什么样的兴趣和爱好？
- 可以从哪些事情上找到成就感？
- 平时在哪些活动上投入时间最多？
- 擅长使用的工具或软件是什么？
- 在工作中收到最多的赞美是什么？
- 有哪些特殊的资源？

在人格特质方面，你可以问自己：

- 最大的优点是什么？
- 最喜欢自己身上的哪些点？
- 目前人生中最重要的成就是什么？
- 最近有哪些积极的情感体验？
- 有哪些特别好的习惯？
- 在生活中收到最多的赞美是什么？

以上问题若都能找到答案，你就能很容易地总结和罗列自身优势。

劣势（Weakness）

相比于罗列优势，我们其实更擅长发现自身的缺点。劣势是阻碍你前进和获得美好生活的阻力，在这部分你需要进行严格的自我审视。

在发现自身不足时，你可以这样问自己：

- 最讨厌自己身上哪些点？
- 最不擅长的活动是什么？
- 最讨厌做的事情是什么？
- 做什么事情感到有压力？
- 当下最需要改进哪些地方？
- 最想拥有什么能力或技能？
- 最近几次坑到自己是因为什么？
- 接受过哪些批评，有无道理？

找到上述问题的答案有助于总结自身劣势。

优势和劣势都是针对个人内部的分析，而机会和威胁则是针对外部环境的分析。

机会（Opportunity）

机会是你在所处的社会环境所拥有的优势因素。人无法摆脱社会环境单独存在，及时抓住时代给予的机会，是目标达成的关键所在。

在思考机会时，你可以结合优势和劣势从以下方面进行思考：

- 现在所处的行业／领域发展潜力如何？

- 专业技能在市场上是否有竞争力？
- 在目前的岗位上再干 5 年、10 年会怎样？
- 外部环境有哪些对自己有利的因素？
- 有哪些别人不具备的能力或技能？

威胁（Threat）

与机会相反，威胁是你在所处的社会环境中所面临的不利因素。在发现威胁时，可以进行以下思考：

- 外部环境有哪些对自己不利的因素？
- 现实中有哪些阻碍？
- 有哪些即使不断提升和改进仍无法改变的环境因素？
- 经验和技能是否会过气？
- 行业 / 领域中有哪些阻碍个人发展的因素？

把每个部分拆解成无数个小问题，不停地自我发问，经过这么一番审视，你会对自身有更清晰的认知，也会更了解自己。

SWOT 分析法的具体应用

在理论的基础上，我们通过一个具体的例子来看看如何更好地运用 SWOT 分析法达到我们想要的目标。

确立目标

健身在当下正流行。如何通过科学的健身和塑形来达到我们想要的健康和体态匀称，是一个比较难的问题。健身前一般要先确立目标。

审视现状发现问题，找到要改善和提高的发力点是关键。目前最想改善的点是体态，因为久坐而造成含胸、圆肩、驼背、头前倾和骨盆前倾，找了找造成这些问题的原因和恢复的锻炼方式，用思维导图罗列出来，如图 10-2 所示。

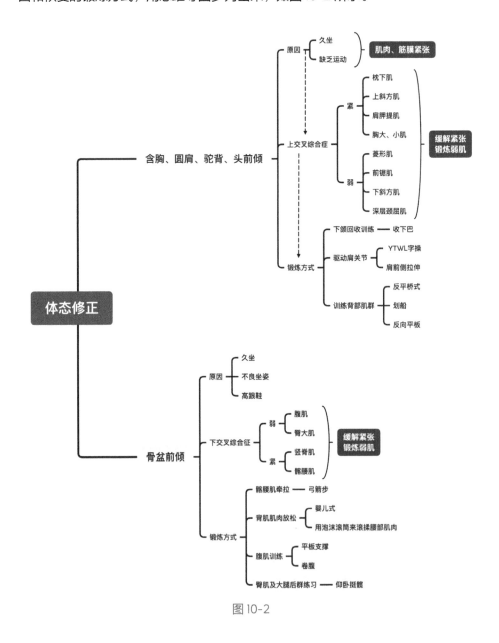

图 10-2

分析问题

然后我们用思维导图从优势、劣势、机会、威胁这四个方面来进行个人健身的 SWOT 分析。从当前的主观和客观情况进行分析，做到发扬优势、克服劣势、把握机会，规避威胁，如图 10-3 所示。

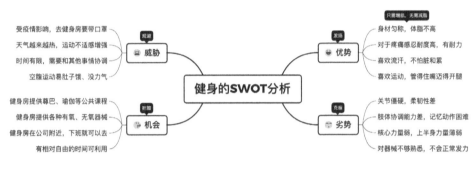

图 10-3

在以上分析的基础上，我们可以从各个维度出发，进一步制订相应对策，如图 10-4 所示。

相应对策		
	积极	消极
内部	优势(Strength) 1、专注增肌（力量训练和饮食） 2、发挥自身优势，增加运动频率	劣势(Weakness) 1、寻求外援，找教练指导常用器械的使用方法 2、多锻炼核心力量，学会正常发力 3、进行柔韧性训练，让身体变柔软
外部	机会(Opportunity) 1、去上尊巴、瑜伽等有老师教授的公共课程 2、合理安排好有氧、无氧等运动项目 3、利用下班时间，多去运动	威胁(Threat) 1、在健身前进行代餐食品的摄入，保证体力 2、携带洗换衣物，增加运动完的愉悦感 3、做好时间规划和安排，协调好其他事情

图 10-4

规划路线

制订完对策后，我们可以根据得出的结论，用 XMind 规划具体的实施路线，也就是一周健身训练计划表，如图 10-5 所示。

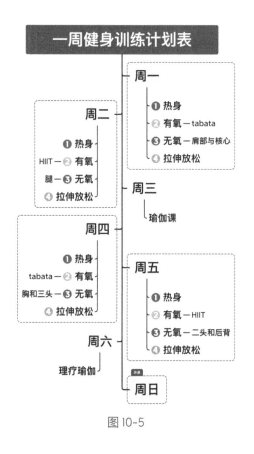

图 10-5

到这里，我们不仅对自身的现状有了更清晰的认知，也更知道怎么去改善和提高自己。在整个思考的过程中，都可以用思维导图来帮助我们更好地分析问题、解决问题。

巧用 SWOT 分析法，学会用更理性和开放的眼光来看待自己、他人和这个世界，我们会拥有更舒适的节奏，摆脱现实引力，活出自在人生。

11

借助 XMind 提高决策效率

降低犯错概率，提高决策效率，这是和每个人息息相关的命题。提高决策效率能大大提升我们在工作和生活中的幸福感。本篇我们将和大家介绍如何借助 XMind 来有效提高决策效率。

人存在两种决策方式，一种以经验和证据为基础，另一种则以潜意识和情绪为主导，如图 11-1 所示。由感性和冲动驱使而做出决策时往往欠思考，要想做出较优决策，要依靠理性与逻辑。

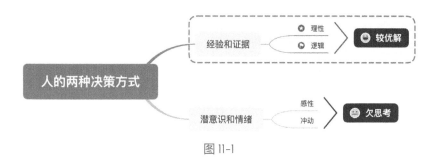

图 11-1

如何凭借理性和逻辑做出最优的决策？接下来我们用一个实际案例和大家分享具体操作。

刚毕业时去大城市打拼还是留在小县城安逸生活？这是让很多年轻人头疼的一个问题。那么如何做出适合自己的决策，获得更好的发展呢？

先了解后决定是一个有效方法。影响有效决策的一个重要原因是对决策相关信息了解不完全。了解必须先于决定，我们了解到的内容越真实，越能反应相关现实，就越有利于做出符合愿景的决策。

当刚毕业的年轻人 A 思考"去大城市还是留在小县城"这个问题时，可以通过各种渠道得到以下信息。

- **大城市**就业机会多，但节奏快；需要面临较高的房租压力，通勤时间长；工作压力大，更新迭代速度快；资源比较丰富，有更好的教育资源、医疗资源、学习资源等；薪酬相对较高的同时物价、房价也较高。
- **小县城**就业机会相对较少；生活节奏比较慢，压力小；房租压力小，生活气息浓；资源相对不足，大医院少，公共交通比较不方便；比较重人脉关系，圈子相对比较固定。

然而即使这样还是很难理性地做出决定。因为他收集到的信息非常杂乱，很难全面思考。这时候可以结合自身的优缺点用思维导图来进行主客观因素梳理，借助结构化的信息进行思考。

用 XMind 将碎片化的信息进行系统化处理，可更全面地审视大城市和小县城的利弊，并结合自身的性格、个人优势和职业选择等因素，全面地审视每个影响因素。

- **从自身性格来看，**这个年轻人是一个比较喜欢挑战的人，喜欢新事物，对各种新兴的东西有十足的好奇心。那么从这一点来看，大城市会更适合他，如图 11-2 所示。

图 11-2

- **从个人优势和职业选择来看，**这个年轻人善于与人打交道，有过硬的文字功底，喜欢泡在各种社交网络，比较想进的是互联网行业，从事运营工作会很合适。

大城市互联网产业发达，相关的岗位需求多，相反小县城的择业机会就比较少，如图 11-3 所示。

图 11-3

- **从经验积累和发展前景来看，**这位年轻人想与时俱进，接触更多新的知识和技能，去更有发展潜力的新兴产业并积累更多有效人脉，那么大城市会提供更多发展的机会，如图 11-4 所示。

图 11-4

- **从生活便利程度来看，**大城市资源丰富，业余消遣多，公共交通便利，但需要承担较高的房租，通勤时间长。小城市资源则相对不足，娱乐设施少，但舒适度更高，各有所长，可以综合考虑，如图 11-5 所示。

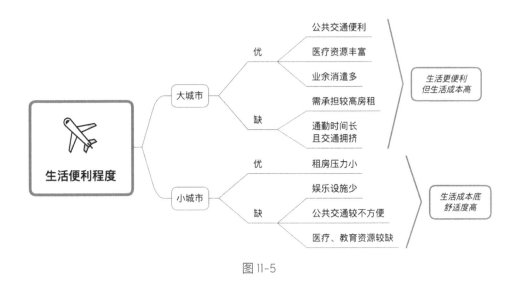

图 11-5

抓住主要矛盾点，再综合考虑其他细节。想的时候用思维导图梳理清楚各个要点，辅助思考，能更容易把思路厘清。这样一来小 A 到底要留在小县城还是去到大城市，这个决策就比较好做了。（以上的观点仅作为示例，每个人都应该结合自己的个人情况做决策。）

如果我们做每个决策时，都可以克制身上的冲动情绪，先全面了解后理性分析，用上理性和逻辑，并用 XMind 梳理一番，那么我们做出更优决策的可能性会极大提高，决策效率也将大大提高。

12
如何做出思维清晰的读书笔记

在阅读时，为了更好地理解图书内容，我们往往会做读书笔记。在读书笔记中，我们可以整理图书脉络，提炼重点信息，还可以摘抄优美语句。记录这些内容能够在一定程度上提高阅读质量。本篇我们就来讨论如何利用 XMind 做出思维清晰的读书笔记。

从把握图书架构开始

做出清晰读书笔记的第一要点，就是准确把握图书架构。

从目录入手是了解一本书的架构的最佳方式。阅读前言也有帮助，作者可能会在前言里对图书架构做更详细的说明，或者介绍一些背景信息。带着问题阅读有助于我们聚焦最感兴趣的重要信息。

使用最简练的语言

提取关键词是绘制思维导图的原则。在用 XMind 做读书笔记时，应尽量避免照搬大量内容。要真正做到理解内容并用精简的语言呈现读书笔记，我们要做到以下几点。

1.　用自己的话转述，让表达准确

如果书中原有的表达让人费解，或者生硬、拗口，那么一定要试着将其转换成自己更容易理解的表述，这也是知识内化的初步证明。当然，如果是经典语句，或者暂时未能理解的重要语句，那么有必要保留原文，等待未来引用、研读和消化。

2. 精简语言

精简语言的基本原则是，能用一个字能说清楚的，就绝不用两个字。为了表达上的优美、充分、完整，文章中通常会使用各种各样的修饰语，但是读书笔记应当言简意赅。这里介绍两种精简语言的技巧。

- 找主干，去冗词，去掉不重要的修饰语。
- 使用更简短的词汇进行同义替换。

利用好结构化表达的优势

口语表达通常只能以线性文本呈现，但人类理解、记忆最依赖的是树状结构内容，这也是思维导图最重要的价值所在。用 XMind 做读书笔记时，切忌在最需要用某种结构化形式呈现的核心地带大量堆砌线性文本。

一般来说，将文本结构化存在两个层面：句子的结构化和篇章结构的调整。下面具体说明。

句子的结构化

对于《有效学习如何发生》一书中的内容"从 UX 设计的角度出发，有时候让人们放慢步子并引起重视是好的——要做到这一点的方法之一就是通过设置难读的字体或者使用令人不熟悉的非常见词汇，故意让信息很难处理。"经过转化后如图 12-1 所示。经过结构化处理，复杂句子中的重要信息能以更清晰的方式呈现出来。

图 12-1

篇章结构的调整

通常我们会以一本书的目录与章节标题为起点搭建读书笔记的基本框架，但作者写书的逻辑和我们理解的可能完全不同。在这种情况下，最有助于知识内化的方式是，以自己的理解去安排读书笔记的结构，而不完全遵照原书结构。

有时，同一个主题下可能并列许多要点，它们之间的关系也比较模糊，这时就要思考这些并行的要点之间有什么联系。

- 排序：按时间顺序、空间顺序、自然操作流程顺序等排列要点。
- 提炼共同的上级主题：深入思考和挖掘要点之间的共同点。

举个例子，在《格式塔心理学原理》一书中，格式塔原理中有许多条，如果照着书中指示一股脑地列出，读过了恐怕也会"消化不良"。但是当对它们做出更细致的划分并清晰、有层次地嵌入读书笔记之后，理解就深入一层，记忆也更加深刻。

直接列出格式塔原理的要点将得到图 12-2。

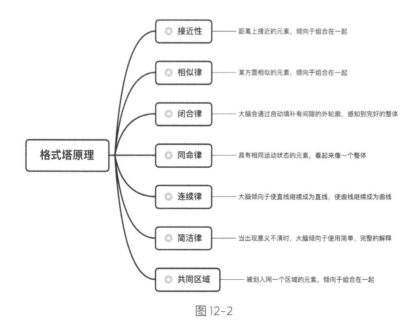

图 12-2

而经过排序、提炼共同的上级主题后，在逻辑上又形成了一个新的分类层次，将得到更加清晰的图 12-3。

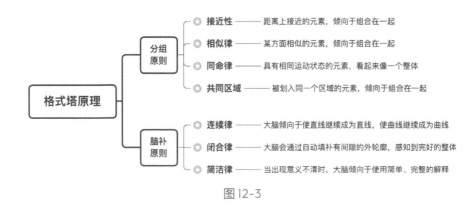

图 12-3

注意，"脑补原则"是指面对一种似是而非的状况时，在视觉感知过程中运用大脑的想象力做出一种仅具有"可能性"的解读。暂时没理解也没关系，图 12-3 在后文中还将继续进化，看下去就会明白了。

设立路标：提炼关键词、添加结构标签

思维导图如同一幅地图，能由少量的主干道逐步发展出越来越密集的分叉路。如果在路口设置路标，走起路来会非常顺畅，阅读亦如此。

当思维导图中的每一个节点都是句子时，阅读的效率会降低，不利于快速获取信息。但是如果只有关键词则会造成意思表达不完整，时间久了可能连自己也看不懂。这时，我们可以给句子提炼关键词或添加结构标签，建立指引阅读的"路标"。如果看关键词能回忆起完整内容，就可以直接跳过后面的句子；如果不能，则可以浏览详细内容。设置路标，可以兼顾读图的效率和信息的完整度。

比如，在社交行为中，人们热衷于分享的原因有 6 点，如图 12-4 所示。

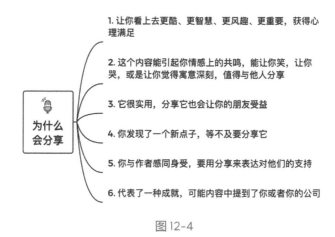

图 12-4

在这 6 点中，我们可以提炼共同的上级主题和关键词，做结构化呈现，转化后如图 12-5 所示。

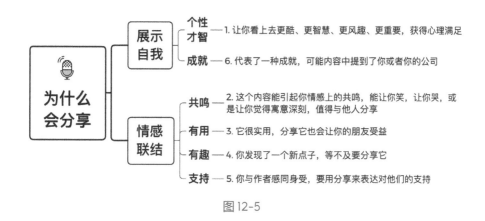

图 12-5

结构标签是那些可以对内容做出提示并展现内容结构的词语。

在 XMind 中，每个节点都可以被随意拖动、轻松调整并放入恰当的位置。按下"Shift+Enter"组合快捷键可以快速增加父主题，设置路标，非常方便。

使用形象化元素表达

树状结构是便于人类认知、理解世界的主要内容呈现方式，但不是全部。当有更好的呈现方式时，绝不应拘泥于形式。比方说，我们可以给每一条格式塔设计原则都加上以图像呈现的范例，如图 12-6 所示。一图胜千言！图像可以更直接地对文字内容进行阐释，让人一目了然。

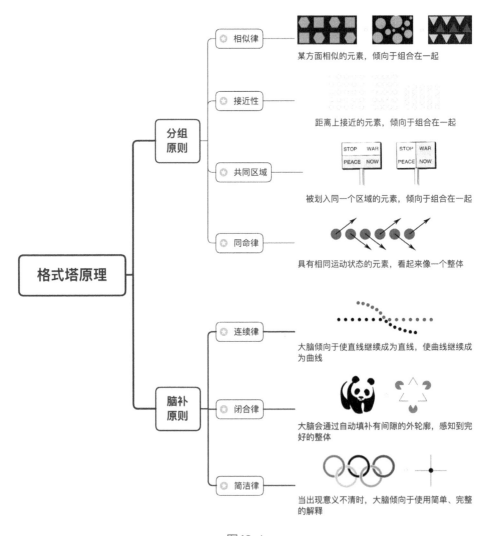

图 12-6

对于闭合律，如果只用语言描述可能难以明白，但是像图 12-6 一样给出图像示例就非常容易理解。在图 12-6 中，熊猫图像其实并不完整，其只由一些黑白区域组合而成，外轮廓并没有闭合，但我们的大脑会自动进行补充，这就是闭合律。

通常用来帮助我们理解的图形还有流程图、矩阵图（二维象限图）、韦恩图等。有兴趣的话，可以自己去搜索和研究。

建立自己的符号体系

使用符号可以帮助自己快速明确重点、定位内容。常用的符号包括图标和标点符号，实际使用中可以赋予一些固定的符号以固定定义，形成自己的符号体系，如图 12-7 所示。符号不用太多，经常使用才能建立起快速反应，真正发挥作用。

图 12-7

二次阅读，二次提炼

重要的书，有必要多读几遍。

二次阅读时只需看笔记。有了第一遍阅读的基础，二次阅读的时候就可以在图书架构的基础上专注思考每一部分内容在书中的作用。对于原来笔记中凌乱的地方，可以边思考，边调整；不够简洁、清晰的表达，也可以修改过来。

二次提炼是指，读完第二遍之后重新提炼出一份只有核心要点的读书笔记。带着以下问题进行二次提炼会更有帮助。

- 如果每一章只能提炼一个要点，你会保留哪一个？
- 全书的诸多核心要点之间有什么关联？
- 如果总结出全书唯一的核心要点，会是什么？

借助以上这些方法，我们就逐步实现了把书读薄的目标，也一定能够借助 XMind 做出思维清晰、干货满满的读书笔记。

以下是用 XMind 制作的《思考，快与慢》一书的读书笔记，如图 12-8 所示。

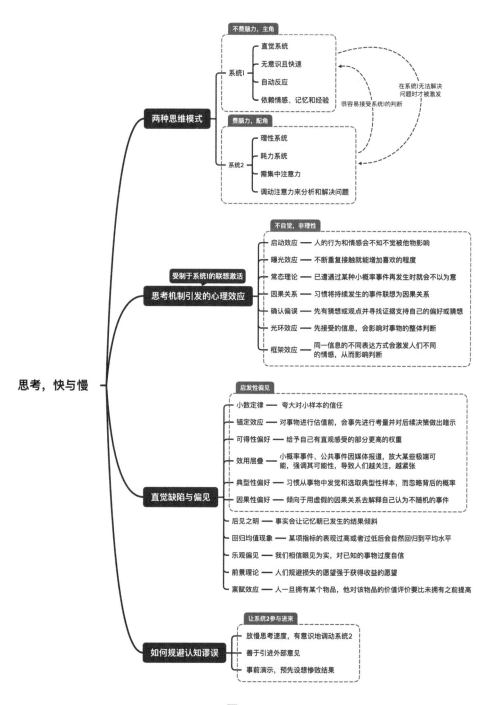

图 12-8

13
如何有效提高记忆力

一提到记东西，很多人就开始脑壳疼。学生时代被厚厚的学习材料支配，工作后读了很多书却记不住什么。如果记忆让你焦虑，可以尝试借助 XMind 这个思维导图工具来帮助自己。

为什么思维导图有效

思维导图的原理符合大脑记忆的规律，不仅体现在它能将信息进行有序的分组和呈现，更体现在它能让你的状态从被动吸收转变为主动思考。

1. 大脑喜欢有规律的信息

对比以下两组数字，哪个更容易被人记住呢？

236747659768645

222333444555666

很明显，下面的数字更容易被记住，因为它**有规律**，有规律的信息更容易被记住。

2. 思维导图实现从无序到有序

思维导图能让你用结构化的思维方式有层次、有逻辑地去思考和处理信息。

人在阅读或听课时，接收的信息是线性的。我们接收了大量庞杂的信息，如果没有进行整理，那么这些信息对我们的大脑其实是个负担，因为大脑的容量是有限的。

但如果能将接收的信息用思维导图进行整理，找出它们的内在逻辑，不断地进行关键词提取，分类、总结、概括、找联系、类比、发散，积极调动大脑参与信息处理的过程，那么这些知识就能在脑中形成网络。

而思维导图能做到让庞杂的信息变成结构化的知识网络，如图 13-1 所示，这也是它能有效帮助记忆的原因。

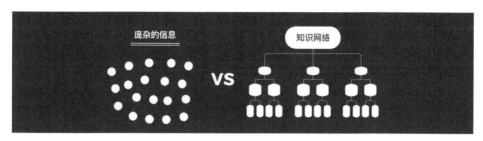

图 13-1

具体来看，思维导图的高效主要体现在关键词提取、内在逻辑提炼、变被动吸收为主动思考三个方面，下面具体说明。

关键词提取

绘制思维导图很关键的一个步骤是关键词提取。提取关键词是加强理解和拆分知识的重要手段。面对长文，找出关键词也是抓重点、领悟作者核心思想的过程。

以《从 0 到 1》一书中对企业经营境界的描述为例，书中提到：

我们可以把企业的经营境界分为三层。

第一层境界：企业只是制造满足市场需求的产品，只要有原型，工业流水线可以让产品大量地复制生产出来。但产品有生命周期，市场有饱和度，利润空间也有限，这就是典型的从 1 到 N 的过程，只是一个量变的过程，只是企业追求盈利的过程。

第二层境界：企业创造了良好的组织基因，因而可以与时俱进地不断进化，实现纵向的传承，企业最好的产品就是企业自身。比如 IBM 公司，早期创立时主要业务是商用打字机，昔日和今日的产品完全风马牛不相及。但创建百余年来，IBM 建立的文化和制度基因是不断传承的，这推动 IBM 不断进化，持续创造商业的辉煌。不过这样的纵向传承茌苒还是在企业内部，仍然属于从 1 到 N 的过程。

第三层境界：企业创造了社会基因或者思想基因，这可以跨越企业的边界，影响到整个行业乃至社会，实现横向的传承。比如苹果，它的成功远远超过了电脑或者手机单纯产品的范畴，影响也绝不仅仅限于苹果公司内部。甚至可以说，我们这个时代深深打上了苹果的烙印，这就是从 0 到 1，企业创造的基因影响了社会文化和观念，乃至改变社会进程，这就是质变。

上述文字内容较多，不利于理解和记忆，此时我们就可以利用思维导图，提取关键词形成容易记忆的网络，如图 13-2 所示。

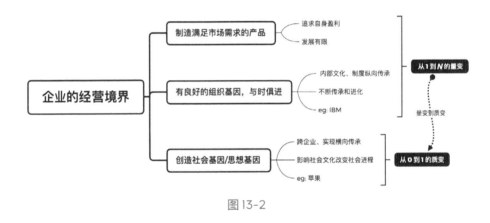

图 13-2

"人的记忆主体是对某些关键概念特征的组合"。关键词是记忆的关键，相比于长难句，与内容强相关的关键词更容易被记忆和提取。运用关键词作为触发点能让大脑进行联想。大脑自动填充相关内容的过程，也是思维不断扩展，大脑不断运作的过程。

内在逻辑提炼

知识是对这个世界事物规律的归纳和总结。找出共性，梳理逻辑，真正去理解想记忆的东西，把握重点和重点之间的逻辑关系，能帮助拓宽思考的深度和广度。

另外勤用思维导图可以培养**对比分析、概括总结、横向类比**等能力，这些都是非常重要的逻辑能力。

变被动吸收为主动思考

死记硬背是机械记忆。在这种被动的学习方式下很难灵活地应用一些知识点。在绘制思维导图的过程中，大脑需要执行思考、分析、理解和组织等主动学习的要素。这样就把被动的学习和吸收变成了极具主观能动性的主动思考。

借助 XMind 高记忆效率

鉴于思维导图可以真正帮助提高记忆力，我们可以使用 XMind 中的功能来进一步帮助提升记忆效率。

使用 ZEN 模式提升专注力

在尝试记忆某些内容时，能产生干扰的事情太多了，即使开着电脑想专注做一件事情，比如说写读书笔记，也会有很多程序和事情来干扰。这个时候，我们可以开启"ZEN 模式"，界面如图13-3所示。隐去电脑中的其他程序，专注于思维导图的绘制，享受无干扰的绘图环境和深度的思维沉浸感。

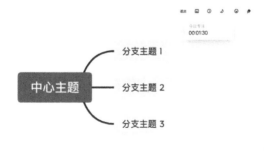

图13-3

意识在单位时间内只能专注于一个问题，要高效就要专注。ZEN 模式可以帮我们瞬间找回状态，更高效地完成记忆任务。

巧妙运用主题折叠进行回想

能过目不忘的人凤毛麟角，普通人对抗遗忘的有效办法就是重复记忆。而重复也有技巧。能做完一张思维导图已然很棒，因为我们至少成功做到了**抓住重点**。

在这个基础上，当复习这张思维导图时，可以将其中的部分内容进行折叠，先回想这部分的内容是什么，想不起来再进行查看。这样做能检验你对知识的掌握程度，主动回想的记忆效率也更高。

如图 13-4 所示，折叠主题时，XMind 会提示共折叠了多少主题，更有助于回忆，不遗漏内容。

图 13-4

运用今日专注功能训练短时记忆

ZEN 模式里面有一个"今日专注"计时器，如图 13-5 所示，它除了可以用来当番茄时钟进行专注时间计量，还可以用来训练短时记忆。

给自己的记忆任务安排一定时间，比如说 10 分钟记完一个大分支，时间到了之后就将这个分支中的主题折叠，然后开始回想。

图 13-5

巧妙运用"仅显示该分支"功能

大脑的记忆容量是有限的，一下子要记住整张思维导图几乎不可能。为避免记忆时被图中的其他内容干扰，可以开启"仅显示该分支"功能，隐藏掉其他内容，将要记忆的部分突显，如图 13-6 所示的《金字塔原理》读书笔记，其中仅显示"如何构建金字塔结构"这一分支。这样一来，只需在每一小段时间内专注于记忆一小块内容即可。

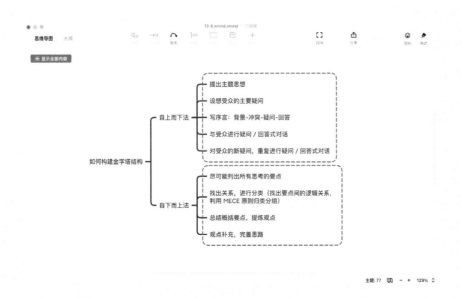

图 13-6

使用以上技巧能让记东西变得更简单，也能有效提高记忆力。

第 4 章
思维导图无处不在

本章要点

- 成为更好的思考者
- 思维导图与专业学习
- 思维导图与运营工作
- 思维导图与逻辑思考

14
思维导图帮你成为更好的思考者

当我们谈论思维导图时，我们在谈论什么？是头脑风暴，还是生产力？思维导图最核心的本质其实是帮助我们更好地思考，学会这个技能可以更好地发现和解决问题，解锁更多可能性，不论是学生还是在职人士都能从中受益。

人人都可以用思维导图

是不是人人都可以用思维导图？这是一直以来的争论话题。

擅用线性思维的人倾向于按照逻辑流程进行思考，他们通常看不到思维导图的价值，认为不值得花费时间和精力在思维导图上。他们更喜欢看到信息以整齐的块、行、列呈现。

但擅用创造性思维的人通常具有更加形象化和非线性化思维方式，他们不仅能"理解"思维导图，而且更肯定思维导图的作用。

其实这两种类型的思考者都可以从思维导图软件中受益，因为它是一种全脑思考的工具。思维导图可以帮助你进行头脑风暴，捕捉到各种各样的想法（发散思维）。它也可以用来组织、分类和评估这些想法，让你知道应该实施哪些想法（聚合思维）。没有其他类型的生产力工具能同时发散和聚合思维，但思维导图可以做到。

帮助学生更好地学习

思维导图可以帮助学生们在阅读和学习时做笔记。它不仅能把最重要的信息整理成条理清晰的提纲，还能很好地帮助学生记忆知识点。随着学生年龄的增长，他们需要越来越多地撰写课程论文，这时候思维导图会变得更加有价值，因为学生们可以把它作为组建论文框架的工具，可视化的提纲可以使论文更有条理。而且思维导图可以教他们如何流畅地思考和解决问题，让他们在思考时更加自信。

让你在职场中脱颖而出

思维导图作为脑力工作人员的思维和规划工具，真的很重要。从头脑风暴和制订营销计划，到勾勒出报告、演示文稿和视频等的框架，它都是一个非常有用的多功能工具。它可以帮助营销人员成为更好的创意者和问题解决者，让他们在职场中脱颖而出。你的思维质量有多高，你就有多成功。

帮助你更清晰、更有创意地思考

大部分人思考的时候都是非常遵循"惯性思维"的，意思是你的大脑在大多数时间里，往往会遵循同样的舒适路径，而这意味着你需要更加努力地去寻找新的、具有创造性的思考方向。

要做到这一点的方法之一就是使用头脑风暴工具，它为你的大脑提供了更多的刺激，可以让你的大脑向新的方向思考，从而产生创造性解决问题的技巧——新刺激、新思维、新想法。

虽然工具不能代替你思考，但它可以激发大脑的能力，就像锤子可以帮助你敲钉子，比你用拳头敲更快一样！那么，你所使用的工具是如何扩展你的思维的呢？思维导图可以帮助你把想法从大脑中转移到纸上或电脑屏幕上。一旦想法以更有形的形式出现，你就可以对它们进行思考、补充、改进、重组，或者以更多强大而有创意的方式来处理它们。

这就是为什么我们把思维导图工具称为"精明的执行者的秘密武器"，它能让你在思考和计划的方式上拥有强大的优势，帮助提高 20% 至 30% 的工作效率和创造力。

"人人都能用思维导图"并不是一句夸张的宣传口号，相反地，来自各行各业的 XMind 用户都对这个思维导图工具进行了深度的探索，并在使用过程中发挥出了惊人的创造力。

在接下来的几篇中，我们将带大家领略使用思维导图让工作、生活变得更加精彩的实际应用案例，通过用户们的实际使用经验让大家对 XMind 的优势有更具体的感知。

15
如何将思维导图应用于学习场景

在学习中，可以用 XMind 来梳理知识点、做课程作业、撰写毕业论文等，本篇将以心理学这个专业为例，聊聊如何将思维导图应用于心理学的学习场景中。

梳理知识点

心理学是一门会用到数学、物理学、生物学、神经学、医学、社会学等多领域知识的交叉学科。我们可以从心理学专业学习的全流程出发，用 XMind 绘制一张流程图，记录部分课程。这样可以更加清晰地知道上某节课的目的，更加有针对性地开展学习，如图 15-1 所示。

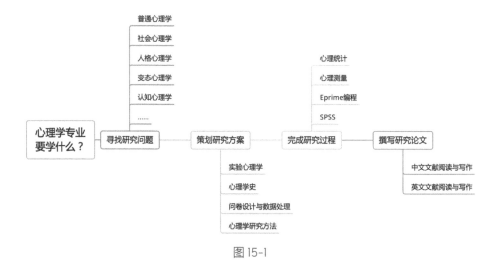

图 15-1

一般来说，心理学专业的学习要经过寻找研究问题、策划研究方案、完成研究过程、撰写研究论文这几个阶段。在每个不同阶段，要学习的知识点不同，需要注意的事项也不同。

寻找研究问题

从个体本身和外界环境的角度，心理学主要探寻"人为什么会这样想 / 做"的问题，例如普通心理学、社会心理学、人格心理学、变态心理学、认知心理学等大家喜闻乐见的有趣内容。

策划研究方案

光观察现象、脑补推理是不够的，还需要通过实验或问卷数据证明。因此在策划研究方案时，需要学习实验心理学，看经典的实验是如何设计的。还要学习心理学史，设计问卷找到参与者配合实验。

完成研究过程

通过实验或问卷获得数据后，还需要处理数据，推理结论，所以需要学习心理统计、心理测量、Eprime 编程（心理学实验编程平台），还有 SPSS 或 R 语言这样的数据处理工具。

撰写研究论文

在论文写作之前，必须先阅读大量的文献。由于心理学在国外的发展历史更为悠久，研究进展也更加前沿，因此在阅读中文文献的基础上，也要阅读大量的英文文献。如果想进一步在科研领域发展，英文论文的阅读与写作必不可少。

做课程作业

心理学的作业大多以小组形式完成，经历过的大学生们应该都懂，其"困难"程度堪比期末考试。因为当大家作为一个团体去完成任务时，个人的表现程度不会被单独评价，所以团体中的每个人都会丧失活动积极性。社会心理学中称这种现象为**社会惰化效应**。

这种情况很难避免，可以用思维导图明确小组作业分工，记录每位成员的具体劳动成果，进而提高合作效率。在进行分工的过程中，可以用 XMind 中的以下几个功能来进行任务拆分。

- 用逻辑图来拆分目标。
- 用图标和显示图例来进行成员分工。
- 用外框来标注任务完成时间。

如此一来，我们就可以得到如图 15-2 所示的人员分工图，每个人的任务分配和任务完成时间都非常清晰，大家都清楚自己要做的事情，整体的合作效率也得到了提升。

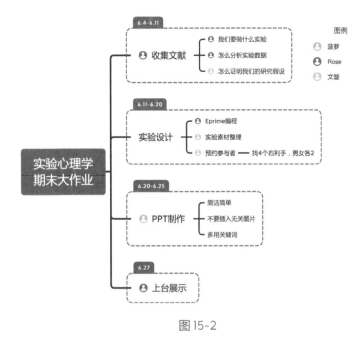

图 15-2

撰写毕业论文

对于毕业生而言，在没有进行过系统学术训练的情况下，要完成一篇万余字的毕业论文是比较困难的。因此，可以用 XMind 梳理论文写作流程，如图 15-3 所示。

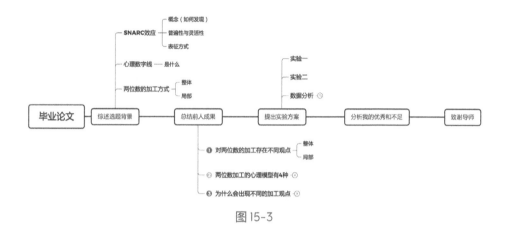

图 15-3

做这么一张思维导图是贯穿整个毕业论文工作始终的，好处如下。

- 方便开展研究和下笔写作：因为时间短任务重，所以梳理好思路后，需要先做什么后做什么将非常清晰，另外还可以随时在思维导图上记录和回顾每一步。

- 和导师交流顺畅：和导师讨论时，学生和导师都可以迅速定位和解决问题。因为导师同时带了好几个学生，很难记住每个人的论文中有什么内容，所以在每次讨论的时候可以直接展示思维导图给导师看，他立刻就知道某个问题是从哪里来的，他可以怎么帮助解决。

- 答辩胸有成竹：整个论文过程用思维导图跟下来，如果你可以做到心中有图，答辩过程也会非常顺畅。

16
借助 XMind 高效开展运营工作

"运营"是互联网行业中最常见的职位之一。运营人员的工作内容多、碎、杂，如果在工作中缺乏逻辑和方法，自己将被埋在各种各样的执行细节中，难以成长。本篇将和大家分享运营人员的工作内容，以及如何借助 XMind 高效开展运营工作。

运营人员的工作内容

运营人员是怎样的存在？他们是千万级流量的操盘手，一手促就了每年双 11 的销售神话；他们是策划活动的好手，线上线下活动都不在话下。运营岗位种类繁多，不同岗位间的区别如图 16-1 所示。

存量时代，越来越多公司更偏向精细化运营方式，围绕运营的三大核心——内容、活动、用户分别设置不同的工作内容，从产品本身扩展到活动、内容、用户、市场、渠道等不同细分方向。

运营连结了用户与产品，尽管运营的种类多样，核心还是在于处理好用户的需求，维系好产品和用户的关系。

在运营工作中使用 XMind

运营的工作事项多且杂，时刻保持头脑清醒是提高工作效率的关键。清楚明白自己做每件事的目的才能做到精益执行。高效执行加上有效反馈和不断优化迭代才能实现高效运营。

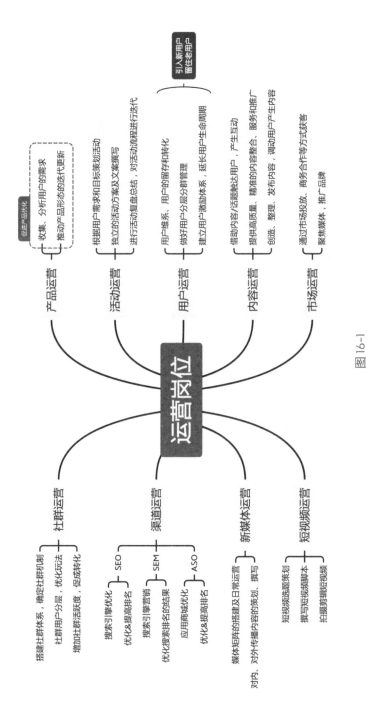

图 16-1

接下来以活动运营为例,和大家分享如何借助 XMind 拆解活动目标、构思活动创意、整合推广渠道、梳理活动流程、分配工作任务和复盘活动效果，更高效地开展运营工作。

拆解活动目标

活动运营的手段是根据既定目标，通过短期活动快速提升产品指标。除了想方设法吸引用户的注意力让用户参与，首要的是明确活动的目的，确立可量化的目标，最大化活动的价值。具体可以从定性和定量两个角度入手，思考时可以借助 XMind 来进行梳理，如图 16-2 所示。

图 16-2

目标导向在活动策划中非常重要，围绕自己想要的结果来确定活动内容是整个策划环节中的关键。清楚要达到什么目标才能计划周密，为想要的结果匹配相应的资源。

构思活动创意

构思活动创意却没有想法时，可以借助 XMind 进行头脑风暴。给自己限定一个时间，从一个点到另一个点，把闪现脑海的想法写下来。不管多么天马行空，先把所有能想到的东西都理出来，再慢慢评估可行性。

明确了活动的创意和玩法后，就可以开始进行活动策划了。策划时可以先拉出一个大概的框架，从活动背景、活动目标、活动主题、活动时间和活动创意等几个方面去进行思考，如图 16-3 所示。

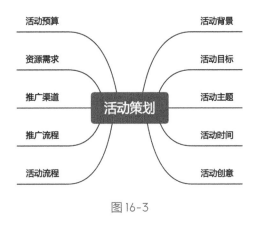

图 16-3

整合推广渠道

转化量 ＝ 流量 × 各步骤间的转化率

在确定活动目标后，为了达到目标，需要整合各种推广渠道，以达到流量的获取及转化。可以根据现有的推广渠道，合理整合官方或付费渠道以获取达成目标所需的流量。有哪些推广渠道呢？这里根据常见的渠道方式，整理了以下的思维导图，如图 16-4 所示。大家在考虑渠道时，也可根据公司现状，用 XMind 列出所有可利用的渠道，再进行优化配置。

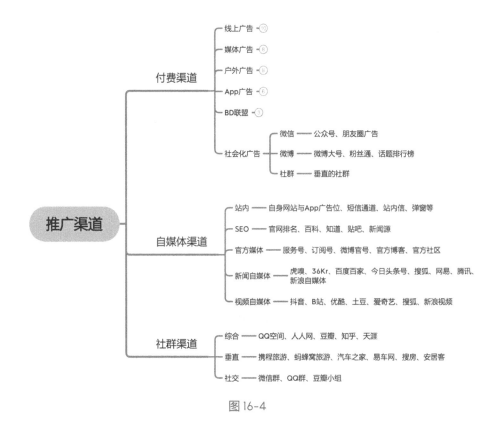

图 16-4

梳理活动流程

完成基本的活动构思后，接下来就进入到活动的具体执行细节中。不管是线上还是线下活动，梳理清楚活动流程中的每一个关键环节至关重要。在这个环节，我们可以借助 XMind 整理清楚具体需要做的事情以方便后续的任务安排。如同前面提到过的，在策划一场线下活动时，我们可以从活动前、活动中和活动后的时间维度来思考活动过程中的各种流程安排。

流程化思维在运营工作中十分重要，把大项目拆解成无数可执行的小细节，把握住关键细节，才能保证项目的顺利进行。

分配工作任务

合理的任务分配和人员分工是活动顺利进行的关键。应该把活动的各个模块整理清楚，将任务分配到人，形成合理的任务分配清单。可利用 XMind 中的标记和图例功能来进行任务分配，如图 16-5 所示。

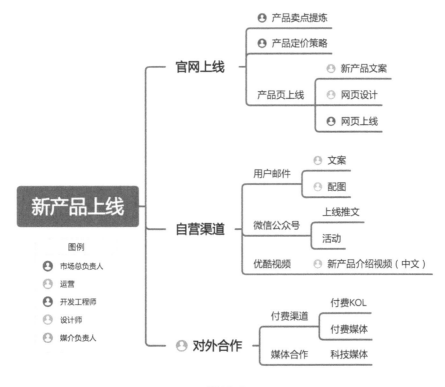

图 16-5

复盘活动效果

活动执行完成后应及时对活动的效果进行复盘，包括回顾目标、评估结果、总结原因等。在总结数据时，可以关注各渠道的转化率、关注每个步骤的转化率、对比同性质活动的效果等。在用 XMind 复盘活动亮点和不足时，多想想如何优化及提升，沉淀方法论和经验。

在活动运营过程中运用 XMind 可以让自己想得更清晰明白。此外，在其他运营工作中也可以灵活运用 XMind 来提高自己的工作效率。比如在进行内容策划时，可用 XMind 规划运营方案，如图 16-6 所示。

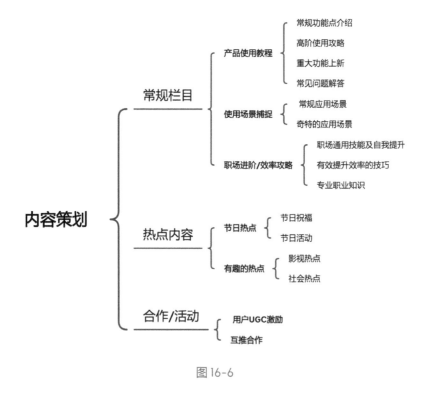

图 16-6

在进行用户运营时，可用 XMind 来分析数据指标，如图 16-7 所示。

图 16-7

此外，各种竞品分析、使用场景分析、用户调研等运营工作都可以用 XMind 来一一进行拆解和梳理。复杂工作内容背后的关键还是思维方式，用 XMind 辅助运营工作的各个环节，可以让你的思路更清晰，工作也更有效率。

17
程序员如何借助 XMind 进行逻辑思考

史蒂夫・乔布斯曾说过："这个国家的每个人都应该学习计算机编程，因为它可以教会你思考。"作为当下最高薪的职业之一，程序员们以其极强的逻辑思维能力和问题解决能力著称。本篇将和大家介绍这个神秘职业，并分享如何在编程工作中运用 XMind。

编程是什么

编程，就是和计算机展开对话，用一种机器能够理解的方式和它交流。但和普通的语言交流不同，编程对分析技巧、解决问题的能力和创造性提出了更高的要求。

程序员们做的事情就是把计划好要做的事情翻译成计算机能执行的命令，让计算机完成。程序员的工作领域一般可以分为前端开发、后端开发、移动开发等，具体的方向及开发工作如图 17-1 所示。

程序员常用的编程语言

我们用 XMind 做了一个表格对程序员常用的编程语言进行了优劣势和应用场景的对比分析，大家可以看看八种常见编程语言的优劣势和应用场景，如图 17-2 所示。

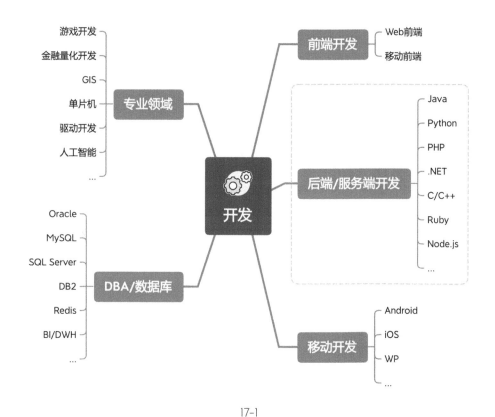

17-1

这些都是常见的语言，对程度员来说，一般需要熟练掌握不止一门语言。随着技术的日新月异，需要不断去学习和探索新技术，才能应对各种层出不穷的变化。

另外，除了具有扎实的编程功底和建模能力，还要精通常用的数据结构、算法、设计模式等。也正因为这些较高专业技术壁垒的存在，技术岗人员才比非技术岗人员更容易获得高薪报酬。

八种常见的编程语言			
	优势	劣势	应用场景
Python	代码简单结构清晰 简单易上手 广泛的工具及功能库 社区繁荣	效率低 在移动应用开发表现糟糕 易触发运行时错误	网络应用程序开发 数据分析 AI机器学习 网络爬虫 科学计算
Java	市场需求旺盛 持续不断发展 Android应用开发的基石 安全性高	效率低 相对复杂 启动时间相对较长	后端开发 Android&iOS应用开发 视频游戏开发 桌面应用程序开发
C	小巧灵活 可移植性好 性能优秀	不支持面向对象编程 复杂的学习曲线 开发大型软件成本太高	操作系统开发开发 嵌入式软件开发 硬件开发 编辑器开发 驱动开发
C++	支持面向对象编程 性能优秀 可扩展性好 可移植性好	复杂的学习曲线 开发大型软件成本较高	游戏开发（Unity等框架） 桌面应用程序开发 嵌入式设备开发 Web网站开发
JavaScript	可在浏览器中立即运行 简单易学易使用 能与其他多种语言顺利协作 跨平台开发	代码在用户计算机上执行，可以被恶意利用和禁止 脚本语言的类型推断能力较弱	网站前端开发 数据分析 Web交互 功能控件开发 桌面应用程序开发
C#	全面集成.Net库，提供出色的功能与支持库访问能力 基于C语言，因此结构可转移至Java、C++等其他语言形式	不适合新手 跨平台能力差	游戏开发（Unity等框架） 桌面应用程序开发 嵌入式设备开发 Web网站开发
Swift	简单的语法 更强的类型安全	第三方库的支持不够多 语言版本更新带来编译问题	iOS应用开发 macOS开发
Go	部署简单 并发性好 语言设计良好 执行性能好	缺少框架	后端开发 搜索引擎开发 视频游戏开发

图 17-2

程序员如何使用 XMind

程序员们相比常人普遍拥有更严密的逻辑思维能力，因为在编程过程中会更注重思维逻辑的严密性和流程化的思维方式。程序员们可以借助 XMind 来梳理自己的逻辑、业务流程，更硬核地进行学习。

梳理逻辑、业务流程

在编程的过程中，规则定义得越严谨，逻辑越完备，出现 bug 的概率越低。程序员们会把时间更多花在构思和思考上面，想清楚到底如何去做，思路是什么，如何用更简单的代码去实现。这时可以用 XMind 先梳理清楚各种情况出现的可能性，提高自己对细节的重视程度。

另外，做一个需求前也可以用 XMind 将业务逻辑梳理清楚，将自己的思路完整地记录下来，比如在思考如何实现一个登录功能时，可以用 XMind 先把主要的问题、需要有哪些功能等想清楚，如图 17-3 所示。

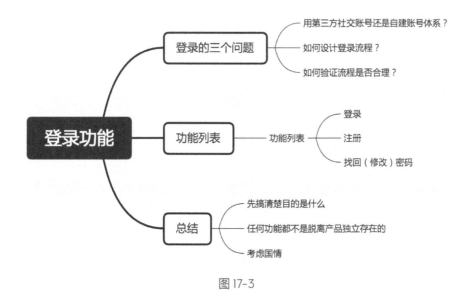

图 17-3

面对复杂问题时，应该更多去想如何拆解和解构问题。当你接到需求时，对需求进行梳理、分析、分解是十分必要的。应该把复杂的事情流程化、简单化，让计算机去帮忙处理。比如一个简单的手机号注册流程，可以借助 XMind 的主题和联系功能梳理清楚，如图 17-4 所示。思路清楚了，写程序就会非常简单。

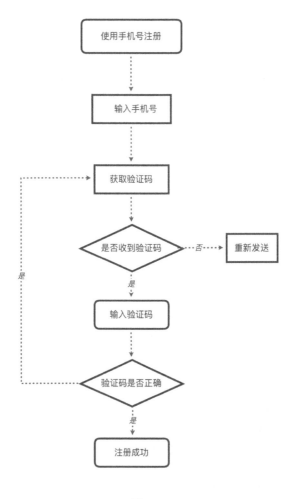

图 17-4

更硬核地进行学习

程序员们可以用编程的思维来制订专属的学习计划，更硬核地进行学习。

1. 梳理思路，明确目标

学不学，为什么要学，如何学，应先有需求，再有方案。在学习一门编程语言之前，可以问问自己：为什么要学？学会了能解决哪些问题？然后利用 XMind 制作一个思维流程图辅助自己思考判断。

比如当你在工作中面临较多数据分析需求时，想获得工作效率上的提升，可以考虑是否需要通过学习 Python 来帮助提升自己的数据分析能力，如图 17-5 所示。

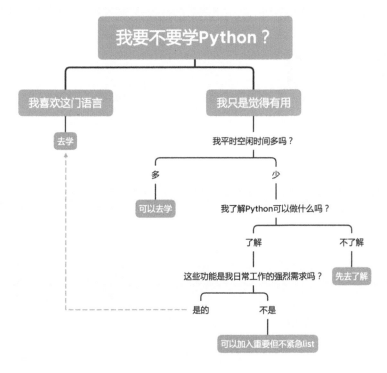

图 17-5

2. 制订学习计划

明确学习目标和学习内容后就可以开始给自己制订学习计划了。如果你想体系化地入门，那么可以根据一般的学习路径来给自己安排学习内容，用 XMind 呈现如下图 17-6 所示。

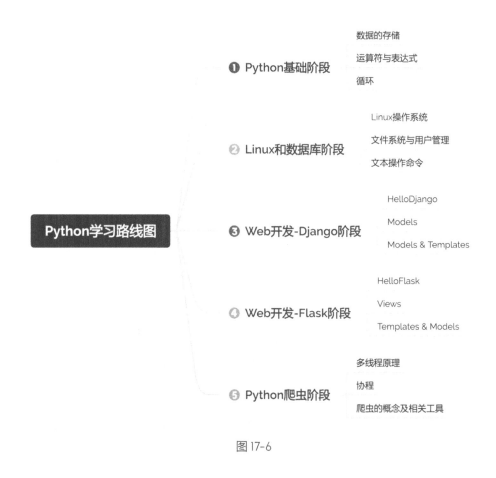

图 17-6

清晰每一个阶段的学习目标后，你就可以按部就班，更有体系地进行学习。

part three

03

第三部分

高效玩转思维导图

认真操作思维导图后，你会发现它其实非常容易上手，能轻松整理日常杂乱思绪。
但其中有很多"高级"操作，如果不经一番研究，着实难以掌握。在这一部分中，
会给出一些思维导图的高级玩法，这些玩法不仅是职场晋升的必备技能，也堪称思
维导图高手必会的专业技能。

第 5 章
从入门到高手

本章要点

- 巧用大纲
- 自定义主题风格
- 活用自由主题和联系
- 绘制流程图

18

巧用大纲，效率翻倍

开发者对 XMind 中的"大纲视图"在样式和交互上进行了全面革新，用户使用起来会更加得心应手。相比于思维导图结构，大纲对新手而言更易入门。本篇我们就和大家分享一下如何巧用大纲来提升效率。

大纲常用场景

不管是规划生活还是整理想法，不管是列清单、记笔记还是整理会议记录，大纲都是快捷整理思维的神器。大纲的常用场景有以下几类。

待办清单

规划日程，抵抗焦虑。

对于效率高手来说，清单是屡试不爽的利器。在处理繁杂的任务时，使用清单可以把信息外化，降低记忆成本。列出一份待办清单，界定每件事的处理次序和所需时间，然后一件一件把它们做完，这样能让我们的生活变得更加有序和可控。

例如，我们在进行日程管理时，可以将待办事项分成四类：今日计划、本周计划、其他待办、已完成，如图 18-1 所示（由于界面显示内容有限，已完成事项未显示）。

图 18-1

在一周开始的时候，提前列出这周需要完成的任务，并按优先级排序。在开始每天的工作前，把需要完成的任务从本周计划中拉进今日计划，做完任务后将其归入已完成类别。这是一个动态的日程管理过程，每日更新，每周总结。

循序渐进地朝着目标一步一步前进，是对生活的诚实，也是我们抵抗焦虑的不二法宝。

大纲笔记

让思维更有条理性。

大纲笔记和书本的目录类似，都是用树形结构来组织内容的。在书本目录的基础上，用大纲将书本的内容进行压缩和呈现，梳理全书的逻辑结构和主线，可以让你对整本书的内容产生更深刻的印象。比如，图 18-2 就是用大纲对书中的内容进行整理而形成的一篇笔记，如此一来，不仅更能理解作者的思路，也能进行深入的思考。

图 18-2

用大纲做笔记的好处在于，非常有利于复习。当你在进行课程复习，或者回想读过的内容时，可以边看笔记边回想。梳理过的内容也更清晰深刻。

写作大纲

流畅书写、清晰表达。

人的思维是跳动的、易变的。思维的复杂性经常让我们陷入杂乱无章的境地。而列出清晰的写作大纲，不仅能提高写作的效率，让我们流畅书写，还能在最大程度上避免文章出现跑题、离题或者冗余等问题。因为你对文章的内容有较强的掌控力，所以更能突出文章的重点。

比如，当我们在构思一篇介绍如何高效自学的文章时，可以从几个方面思考，列出清晰的写作大纲，如图 18-3 所示。

图 18-3

在写作小说等创意文本时，也可以利用写作大纲来使整体的情节发展更可控，在推动故事走向上更顺利。

会议纪要

高效沟通，事半功倍。

会议纪要不仅是对会议内容的简单记录，还是对会议逻辑的梳理。写会议纪要的目的，是让参会的人知道会议的结果，方便明确指导下一步的工作方向，同时让没有参会的人知道会议的主要内容，从而有效沟通。

用大纲来记录会议要点，能让你的逻辑更清晰、更有条理。比如，图 18-4 是某场分享会的会议纪要，通过这个条理清晰的记录，没到场的朋友也可以很轻松地知道分享的内容。

图 18-4

玩转大纲视图

了解大纲的常用场景后，我们来看看如何玩转 XMind 中的大纲视图。下面总结了一些使用操作，能够让你更快上手。

自由切换思维模式

XMind 支持思维导图模式和大纲视图模式无缝切换。可以先在大纲视图下罗列想法和内容，如图 18-5 所示。

图 18-5

而当想查看整体的逻辑关系和联系时，则可以切换到思维导图模式，进一步对思维进行整理，如图 18-6 所示。

大纲视图和思维导图有效结合了发散思维和逻辑思维，助你更快地进行了思维整理。

利用快捷键快速输入

在大纲视图下，可以简单快捷地进行文字输入。按回车键可新建节点，按 Tab 键可增加缩进，按 Shift+Tab 组合键可减少缩进。掌握这三个快捷操作后，你的手指不用离开键盘也能快速地整理想法。

图 18-6

拖动调整内容层级

在大纲视图下，你可以随意拖动内容模块以调整其层级结构。这种以模块为单位的拖动方式，简单易操作，能使内容质量更可控。

保持思维专注

当你想聚焦于某一个点的展开内容时，大纲视图同样支持"仅显示该分支"功能，开启该功能后即可让思维专注于一个点，集中火力捕捉思维的火花，如图18-7所示，这里仅显示了"尽可能地搜集原始资料"这一分支下的内容。

图 18-7

调整界面大小

根据使用设备大小，可用手势或快捷键 Command+ 加号 / 减号，以及 Ctrl+ 加号 / 减号对界面进行缩放，调整界面大小。

开启深色模式

XMind 中新增了深色模式，在大纲视图下也能尽享暗视效果，让双眼更舒适。在光线较暗的环境下，你可以将软件的外观改为深色，缓解双眼疲劳，如图 18-8 所示。

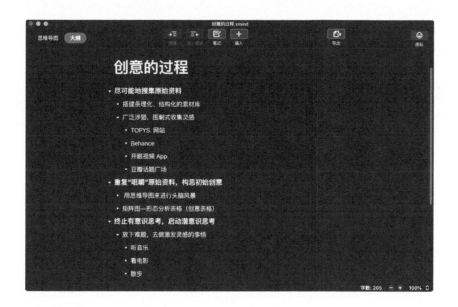

图 18-8

插入视觉元素

如果你觉得大纲中只有文字略显单调，可以尝试添加图标、贴纸，对要点进行强调和突出，也可以通过"插入"菜单插入本地图片，对内容进行更具象的阐释，如图 18-9 所示。

多种导出格式

大纲现支持导出 PDF、Markdown、Excel、Word、OPML、Textbundle 等格式文件，能满足你的各种导出需求。例如，在你列好写作大纲后，可以导出 Markdown 格式文件，直接在笔记工具内进一步完善内容，打造更高效的工作流。

图 18-9

19
如何自定义主题风格

"风格编辑器"功能不久前在 XMind 中上线了！有了风格编辑器，我们就可以自由发挥创意，创造具有个人特色的思维导图，还可以使用特殊的颜色和形状，构建个人专属的思维符号体系。

自定义主题风格的操作简单、直观，但功能却十分强大。设置好即可保存，下次使用时无须重复设置和批量处理样式，能极大提高绘图效率。本篇中我们将快速为大家介绍如何通过风格编辑器自定义主题风格。

唤出风格编辑器界面

风格编辑器界面如图 19-1 所示，唤出该界面的操作非常简单，在 XMind 的菜单栏的"工具"选项中单击"创建 / 自定义风格"即可。

也可以在画布中通过"所有风格"-"自定义"-"创建风格"的顺序唤出。

自定义主题风格样式

在风格编辑器的样式面板中，可以进行思维导图元素的更改和自定义。如图 19-2 的风格编辑器界面所示，你可以更改主题的形状、颜色，分支的线条粗细，或是画布的背景色等，所有思维导图的样式都可以根据你的喜好自定义。

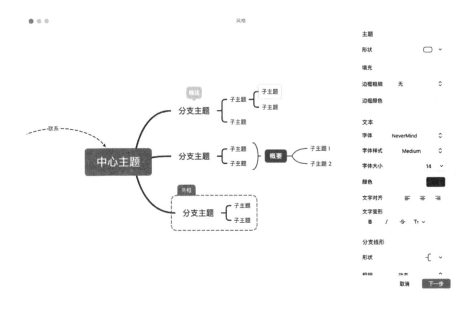

图 19-1

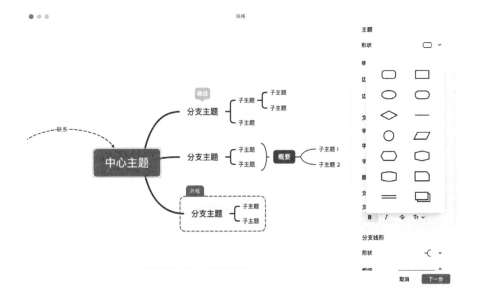

图 19-2

值得一提的是，自定义的主题和分支样式支持**动态变化**。如果你在设置主题边框粗细时选择"动态"，则该样式会跟随当前主题的样式变化而动态变化。

如果你在设置分支线型时选择"动态"，则该样式会跟随父主题的分支样式变化而动态变化。如此，子主题的分支线型样式会追随父主题，整体也更协调和美观。

使用自定义的风格

在"格式"面板的"所有风格"中可以找到自定义的主题风格，如图 19-3 所示，选择相应的主题风格即可将其应用到当前的思维导图上。

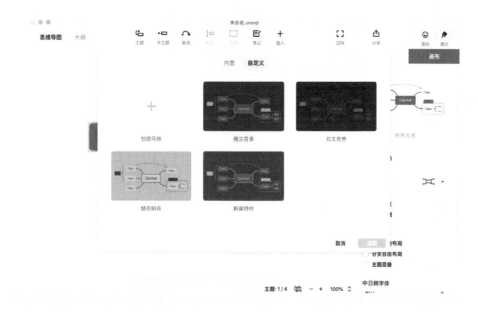

图 19-3

编辑 / 删除自定义风格

在"格式"面板的"所有风格"-"自定义"中可以找到想修改的自定义风格，单击鼠标右键即可唤出快捷编辑菜单，进行编辑、重命名、复制、删除等操作，如图 19-4 所示。

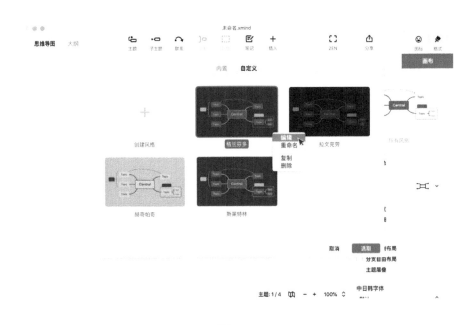

图 19-4

更改软件内置的主题风格

软件内置的主题风格可以满足大部分人的绘图需求，但如果你想在此基础上体现个人偏好和个性，也可以对其进行更改。在"格式"面板中的"更换风格"-"内置"中找到想更改的主题，单击鼠标右键唤出"复制"选项，如图 19-5 所示。

然后在自定义主题中找到该主题，单击鼠标右键即可唤出快捷编辑菜单，在风格编辑器中进行自定义修改。

掌握以上使用技巧，即可根据自己的个人喜好和使用习惯，构建个人专属的思维导图风格，享受充足的绘图自由，玩出各种花样。

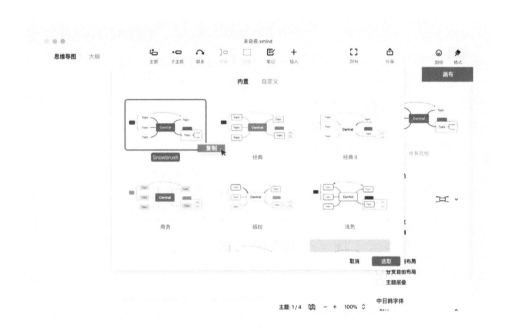

图 19-5

20
如何活用自由主题和联系

在 XMind 中，"自由主题"和"联系"可谓神奇的存在。它们可以打破传统思维导图结构的局限，经过有机组合后构成独具创意的思维导图。

如图 20-1 所示，这是一张概括二十四节气的思维导图。从图中看，这种结构并不常见，但我们可以用自由主题和联系来达到这样的效果。

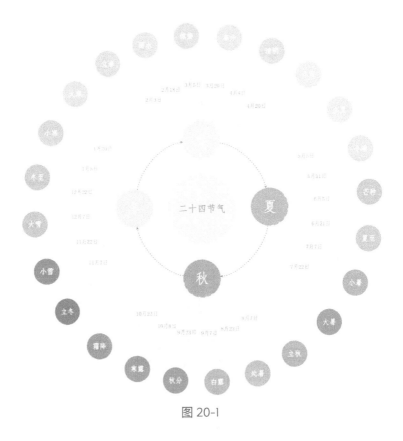

图 20-1

那么如何用 XMind 做出这样的创意思维导图呢？本篇就带大家领略**自由主题**和**联**

系的妙用。

开启灵活自由主题和主题层叠

为了能随意放置自由主题，并避免其在靠近中心主题时发生粘连，可以单击画布空白处，并在界面右上角的"格式"-"画布"-"高级布局"中，开启"主题层叠"，如果你想在现有结构的调整上有更多自由度，比如调整分支主题的位置或分支线的长度等，可以开启"灵活自由主题"，如图 20-2 所示。

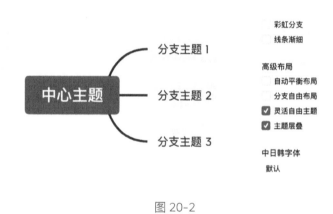

图 20-2

灵活运用自由主题和联系

在开启灵活自由主题和主题层叠后，你就拥有了一块可以自由发挥的画板，可以在上面尽情点亮你的创意火花。

双击鼠标左键即可在画布的任意空白处创建自由主题，也可以用联系直接创建自由主题。自由主题可以随意放置，因此可以通过自由主题的有序排列组合来编排布阵。

比如，在做旅行规划时，可以用自由主题来规划每天的行程，然后用联系将每天的行程串联起来，如图 20-3 所示。

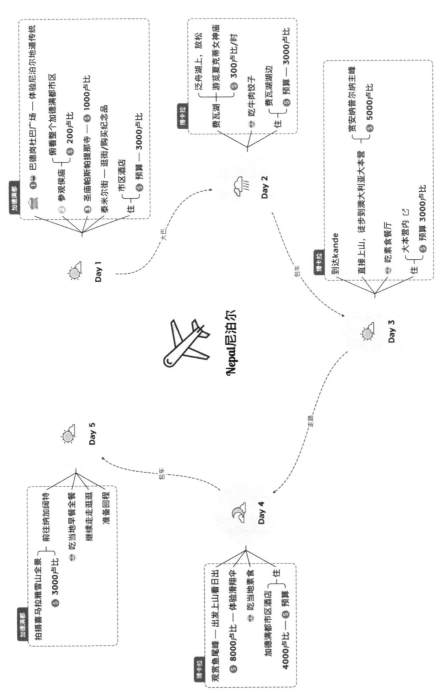

图 20-3

巧用参考系

当你对自由主题的排列有更高的要求时，可以通过改变主题的大小和形状，来构造参考系。

举个例子，在绘制二十四节气这张思维导图时，如图 20-4 所示，可以通过拉大插入中心主题的贴纸来放大中心主题，作为放置自由主题和绘制联系的参考系，这样操作一番后就可以得到一个接近圆形的组合布局。

图 20-4

对齐自由主题

在对自由主题进行有序编排时，更聪明的方式是直接运用自由主题对齐功能。选择多个自由主题后，单击鼠标右键即可唤出"对齐"功能，如图 20-5 所示。

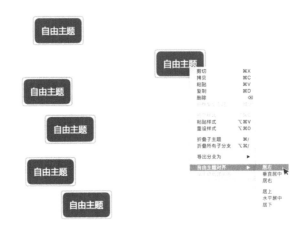

图 20-5

修改样式及一键更新

在这一步，你可以任意修改分支主题和子主题的样式，例如文本字体、文本颜色、线条颜色、边框颜色、边框形状等。

如何避免一个个重复修改主题的样式？更改完某个主题的样式后，在"格式"-"样式"中单击"更新"，这样即可一键同步修改所有同级别的分支主题样式，如图 20-6 所示。

图 20-6

拷贝样式 / 粘贴样式

另一个避免重复修改样式的方法是拷贝样式和粘贴样式。选中已修改完样式的主题，单击鼠标右键唤出"拷贝样式"功能，如图 20-7 所示，选择需要同步的主题，再单击鼠标右键选择粘贴样式，这样即可将样式同步到该主题。

图 20-7

如果你熟练掌握快捷键，也可以直接用组合快捷键 Option+Command+C/ Ctrl+Alt+C 和 Option+Command+V/Ctrl+Alt+V 进行样式的拷贝与粘贴。

掌握以上六个步骤后，恭喜你已经迈入 XMind 思维导图的高手殿堂。

最后，再和大家分享几个让思维导图更美观的小技巧。

- 可以灵活运用标记、贴纸来丰富思维导图。比如，在制作旅游攻略的时候，可以用标记来注明优先级，如图 20-8 所示，也可以添加旅行类的贴纸为这张图增添几分趣味。

图 20-8

- 插入自己喜欢的图片作为主题图片。例如，在新建自由主题后，插入图片，将自由主题的填充去除，同时删去文字，这样就可以得到一个以漂亮的图片为中心的主题。
- 在各级主题中可以单击"插入"-"超链接"-"网页"，插入相关联的网站，方便整合信息。如图 20-9 所示，在每个景点后添加网页链接，便可一键了解该景点的具体信息。

图 20-9

掌握以上关于自由主题和联系的使用方法，在常见的思维导图结构外，可随心创建创意思维导图，成为真正的高手。

21

如何在 XMind 中绘制流程图

XMind 是专业、强大的思维导图软件，由于其结构没有任何限制，很多用户喜欢用它来绘制流程图。本篇将和大家分享在 XMind 中绘制流程图的方法。

开启灵活自由主题和主题层叠

在 XMind 中，绘制流程图的主角是"自由主题"和"联系"，通过它们可以打破思维导图的限制，让使用者自由发挥。

为了能自由拖动主题并避免主题之间粘连，首先非常必要的一步是在 XMind 的画布栏中开启"灵活自由主题"和"主题层叠"，前面已经介绍过，这里不再赘述。

用自由主题或联系功能添加流程

新建思维导图后，即可开始绘制流程图。在添加流程时，常规的操作方法是双击鼠标左键在画布空白处添加"自由主题"，并在主题间添加"联系"。

更便捷的方式是直接用联系功能添加自由主题：选中主题，单击工具栏中的"联系"，再单击空白处，如图 21-1 所示。

也可以直接使用组合快捷键 Command+Shift+R 或 Control+Shift+R 并单击空白处进行添加。

在添加流程的过程中可以进行文字的输入，选中主题直接输入文字或按下空格键开始输入文字。重复以上步骤，直至完成流程的初步绘制。

图 21-1

对齐自由主题并更改联系的样式

流程绘制完成之后，我们已经绘制出了大致的流程图，但弯曲的"联系"和没有对齐的"自由主题"看起来有点别扭。这时候，可以按住 Command 键（macOS 系统）或 Control 键（Window 系统）并选择想要对齐的自由主题，单击鼠标右键唤出"自由主题对齐"选项，如图 21-2 所示。

图 21-2

按住 Command/Control 键并选择想要调整的联系，在"格式"面板的"样式"
选项中即可进行批量修改，可以修改为直线或者 Z 形线，如图 21-3 所示。

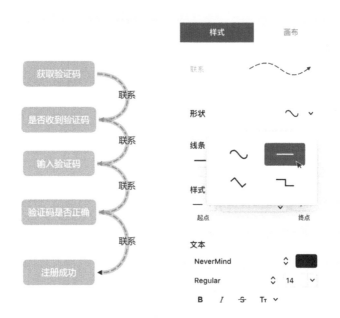

图 21-3

在联系上添加注释或判断

是非判断是流程图中很重要的一部分，这一步可以在绘制流程时就添加，也可以调
整完联系之后再进行添加。

在联系上添加文字非常简单，双击联系将出现文字键入框，在其中键入文字即可，
如图 21-4 所示。

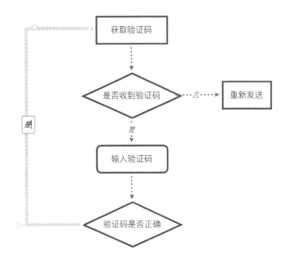

图 21-4

修改主题形状和线条样式

如果你绘制的流程图对于主题形状有一定的要求，比如说判断内容用菱形，可以选中主题，并在样式中更改主题形状。如果你对主题填充的颜色和联系线条的颜色不满意，也可以在样式中进行更改，如图 21-5 所示。

这时候一张简单的流程图就绘制好了，如图 21-6 所示。熟练掌握绘制技巧后，其实也是十分简单的。

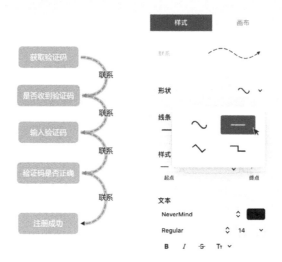

图 21-5

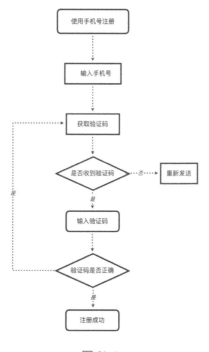

图 21-6

第 6 章
解锁隐藏技能

本章要点

- Markdown+XMind 高效联动
- 在 iPad 上玩转 XMind
- 绘制高颜值思维导图
- 清晰打印思维导图

22

如何搭建 Markdown+XMind 高效写作工作流

熟悉效率工具的朋友应该对 Markdown 并不陌生，作为一款轻量级的标记语言，Markdown 被无数追求沉浸式写作体验的人们所推崇。本篇就和大家分享 Markdown 的极简入门法则，并教大家如何利用 Markdown 和 XMind 打造高效的写作工作流。

Markdown 极简入门

在这一部分中，我们将从什么是 Markdown、为什么要用 Markdown、Markdown 适用人群、常用 Markdown 语法这四个方面，带大家认识 Markdown。

什么是 Markdown

Markdown 是一种轻量的级标记语言，它的创始人为约翰·格鲁伯（John Gruber）。Markdown 允许人们使用易读、易写的纯文本格式编写文档，然后将其转换成有效的 XHTML（或 HTML）文档。

由于 Markdown 具有轻量级、易读、易写等特性，并且对图片、图表、数学公式都很友好，因此目前许多网站都广泛使用 Markdown 来撰写帮助文档，或在论坛上发布消息。

为什么要用 Markdown

使用 Markdown 能给我们带来非常好的沉浸式写作体验，让我们投入写作、提高效率。另外，Markdown 具有极强的兼容性，入门简单，对于使用者来说非常友好。

1. 沉浸式写作体验

Markdown 提倡用简单的语法来代替排版。也就是说，当你在进行文字输入的同时，输入一些简单的字符就可以对文字进行排版。

Markdown 避免了频繁的格式调整，让你能专注于内容写作本身，真正实现了完全用键盘进行文字输入。使用者双手无须离开键盘，无须按下鼠标，这种真正的沉浸式写作体验极大地提高了效率。

2. 兼容性极强，入门简单

Markdown 是一种纯文本语言，可以兼容所有的文本编辑器，并在不同的系统、软件、界面、网站上显示同样的效果，不用担心会造成格式上的混乱，完全避免了以往我们在使用 Word 时经常出现的不同系统间的不兼容问题。

另外，在使用 Markdown 时，只需记住几个简单的规则就可实现键入、排版功能，足够轻量，也足够简单。

Markdown 的适用人群

只要你有效率提升的需求，便可以使用 Markdown。

特别地，当你有较多文字输出需求，需要在多个博客平台上发布内容，且图文混排需求不高时，用 Markdown 会更高效。比如，程序员喜欢用 Markdown 来写文档和博客，一些文字创作者喜欢用 Markdown 来写文章。

常用 Markdown 语法

简单记住以下几个语法规则即可熟练使用 Markdown。

标题：用不同个数的"#"表示一至六级标题，如图 22-1 所示。

图 22-1

文本效果处理：用两个星号"**"将文本包起来可表示设置为加粗，用单个星号"*"将文本包起来表示设置为斜体，用双波浪线"~~"包裹文本则可以给文本添加删除线，如图 22-2 所示。

图 22-2

段落引用：在段落前用">"标识，可以为一段文字添加引用格式，如图 22-3 所示。

图 22-3

分割线：键入"*******"或"**----**"即可形成分割线，如图 22-4 所示。

Markdown 语法	浏览器显示效果
分割线	分割线

分割线	分割线
***	

图 22-4

列表

有序列表：在要点前添加数字即可形成有序列表，如图 22-5 所示。

Markdown 语法	浏览器显示效果
1. 要点	**1. 要点**
2. 要点	**2. 要点**
3. 要点	**3. 要点**

图 22-5

无序列表：在要点前添加"**-**"即可形成无序列表，如图 22-6 所示。

Markdown 语法	浏览器显示效果
－ 要点	• 要点
－ 要点	• 要点
－ 要点	• 要点

图 22-6

插入

超链接：用方括号"[ ]"将要呈现的文字括起来，在后面将超链接的网址放入小括号"()"中，这样即可为文字添加超链接，添加成功后文字下方会出现下画线，如图 22-7 所示。

Markdown 语法　　　　**浏览器显示效果**

[XMind 官网] (https://www.xmind.cn/)　　XMind 官网

图 22-7

图片：在 ![image] 后面用小括号"()"把图片的网址括起来即可插入图片，如图 22-8 所示。

Markdown 语法　　　　**浏览器显示效果**

![image](https://s3.amazonaws.com/
assets.xmind.net/uploads/img/
27e9ddb9757eaaffefd30a329b999308.png)

图 22-8

记住以上语法即可完成基本的文本编辑。限于篇幅，插入表格和代码等高阶使用规则，读者可以自行查看相关教程。

搭建高效写作工作流

在进行了基础的 Markdown 入门学习后，我们回归到写作本身，和大家聊聊如何搭建高效写作工作流。

写作的核心部分在于表明文章的"理"，即你想传达的信息。动笔前应先厘清想表达的核心内容，列好写作大纲，这是一个比较"不笨"的方法。

动笔前先厘清思路列好提纲，这步可以用到 XMind，在这样尝试后，你会发现，不仅写的东西更有逻辑，行文效率也更高了。

用 XMind 整理行文思路

在开始构思时，打开 XMind，把文章的框架整理出来，主要核心内容是什么，有哪几个点，每个点可以分为几个方面展开……

当你毫无头绪，不知如何动笔时，可以把头脑中零零星星的想法用思维导图画出来，在这个基础上发散和寻找新的联系，思路会更开阔，所谓的灵感也会在整理的过程中迸发。

比如，当你想写一篇关于 Markdown 基础入门的科普文章时，可以先用 XMind 把内容梳理清楚，标明标题、文字、段落等的处理方式，以及插入链接和图片的实现方式，如图 22-9 所示。

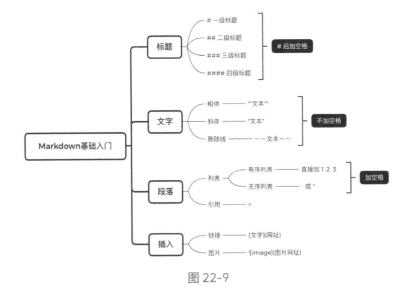

图 22-9

如图 22-10 所示，也可以用大纲模式列出写作提纲，前面介绍过，XMind 支持大纲视图和思维导图间的模式切换，用大纲模式写好的提纲可以一键转换成思维导图，并进一步进行整理。

图 22-10

用 Markdown 专注内容输出

在列好写作提纲后，即可开始专注于内容输出。这时候就可以用到上面介绍的 Markdown 语法了。XMind 支持导出 Markdown 格式文件，可以在导出文件后直接打开 Markdown 编辑器，在列好的大纲中填充内容，如图 22-11 所示。

图 22-11

这个步骤的高效在于无缝衔接，不用考虑格式转换。

另外，XMind 还支持导出 TextBundle 格式文件。这种文件包含了 Markdown 文件及图片。当你在 XMind 中插入了图片时，导出 TextBundle 格式文件后，这些图片在 Markdown 编辑器中也能自动显示。

同样，XMind 也支持导入 Markdown 和 TextBundle 格式文件，导入 / 导出过程是双向的、可逆的。

整体来说，这套工作流非常简单，但却很高效。通过组合专业工具，我们实现了 1 + 1 > 2 的效果。

Markdown 写作工具

在 macOS 环境下，知名的 Markdown 写作工具有 Ulysses、Bear、MWeb 等，在 Windows 环境下则有 Typora、Simplenote、Yu Writer 等。每个工具都各有特色，大家可以搜索、查找适合自己的工具。

Ulysses 是国外的一款写笔记神器，基于 Markdown 模式开发，这款软件融合了 Markdown 的笔记查看、文本编辑、文档管理等功能，用户可以添加任意深度的目录结构，非常适合知识体系管理、长文档撰写等。Ulysses 的基本界面如图 22-12 所示。

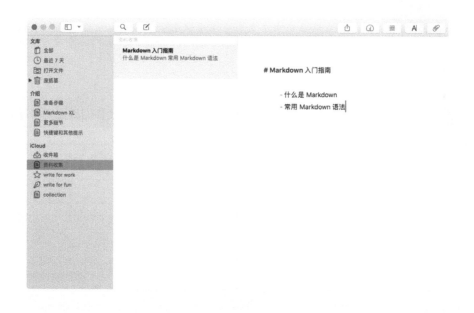

图 22-12

Bear 是一款简洁优雅的 Markdown 写作工具，入门非常简单，适合新手，基本界面如图 22-13 所示。

图 22-13

总的来说，使用效率工具不仅帮我们省去了很多烦琐的流程，让我们真正专注在内容产出上，也让我们收获了更简便高效的工作流体验。

23
如何在 iPad 上玩转 XMind

iPad 已经逐渐成为很多人的生产力工具。不管是搭配 Apple Pencil 进行艺术创作，或是搭配智能键盘移动办公，还是编辑图片、音频、视频，iPad 都是专业的创作神器。

然而"灵魂拷问"来了，为什么别人的 iPad 是生产力工具，而你的 iPad 只能用来盖泡面？也许是因为你的 iPad 上没有 XMind 这样的高效工具。本篇就和大家分享如何在 iPad 上玩转 XMind。

大家都用 XMind 来做什么

XMind 是效率神器，无数人每天打开这个软件来辅助思考，找寻更优的解决方案。不论是创建复杂学科的知识结构图，还是辅助增强个人逻辑和条理，都可以使用 XMind。那么大家究竟是如何使用 XMind 的呢？我们一起来看看用户提供的使用场景。

"XMind 是我在考研备考期间最得力的助手。大家都知道，备考的资料中有很多字，不方便理解和记忆。但是如果我把知识点都做成思维导图，无论是对当下的理解还是长久的记忆，都特别有帮助，有重点、有逻辑。"

"图像化思维真的让我受益颇多，面对一大段文字，用思维导图将其图像化后，世界豁然开朗！"

"已经使用 XMind 好几个月了，习惯了无纸化学习方式，这样逻辑思维极强、条理清晰。能够及时调整，手机、iPad、电脑端可以同步。在家里做的笔记可以在外出时在线复习。"

"睡前拿 XMind 默写了一下战略，感觉还不错，效率也挺高，值得推荐。"

"喜欢用思维导图做读书笔记，在完成思维导图笔记的过程中整理归纳书中的要点，建立图书框架。这样一来，图书内容更清晰、更有逻辑性。"

"Get 新技能，喜欢上了 XMind 这个新工具，非常适合整理流程、梳理复杂事件，简直是逻辑条理强迫症患者的最爱 。"

"自从用了 XMind，我的思维清晰了，脑子也清楚了不少，想法也不会乱了。"

"我是一名运营人员，常用 XMind 来分析产品，每次遇到需要分析的问题时就喜欢用 XMind，沉浸式体验非常棒，可以发散思维。"

在 iPad 上使用 XMind 的场景

由于 iPad 的便携性，越来越多的人喜欢在移动端进行思维导图的绘制，在了解大家平常都是如何使用 XMind 之后，下面就和大家分享 XMind 在 iPad 上的使用场景和技巧。

利用文件夹做好笔记分类

一旦创建的思维导图文件变多，就应该科学分类，若没有分类，查找效率会大大降低。可以在 XMind 中创建文件夹来对设备中的思维导图进行分类和整理。对于强迫症患者而言，没有什么比一切都井然有序更让人舒服的事情了。

1. 选择存储位置

可以在 XMind 的"浏览"界面中设置文件的存储位置，比如"iCloud Drive""我的

iPad"或第三方云盘。如果你是苹果生态的重度用户，可以利用 "iCloud Drive"在 iPhone、iPad 和 Mac 上进行文件同步，下载其他设备上的文件，如图 23-1 所示。

图 23-1

【注】也可以直接在 iPad 的系统设置中设置 XMind 的文稿存储位置，从"设置"中找到 XMind，在"文稿储存"中选择存在"iCloud Drive"或"我的 iPad"中。

2. 创建文件夹

设置好存储位置后，比如说"iCloud Drive"，即可在界面左上角看到创建文件夹 的按钮（一个带 + 符号的文件夹图标），单击这个图标即可创建文件夹并进行命名， 如图 23-2 所示。

命名文件夹时可依据笔记类别将不同文件分类，比如学习、工作、生活，或者按学 科来进行分类，将自己的笔记系统化、模块化，在分类上可以做到少而精，另外， 在思维导图文件命名上也可以采取一定的策略，比如用时间来命名以进行区分。

图 23-2

3. 文件缓存

"iCloud Drive"需要连接网络来进行同步。由于网络连接问题而出现文件损坏或者文件丢失时，可以尝试在"文件缓存"中寻找备份文件，依次选择"设置"-"文件缓存"，单击备份文件或向左滑动即可唤出"取回"按钮，如图 23-3 所示。

图 23-3

用主题链接 & 画布提高思维导图的可读性

很多人喜欢用 XMind 来构建知识体系。将一本厚厚的教科书整理成一张思维导图是一件颇有成就感的事情，在整理的过程中你的思路逐渐清晰，对书本的内容也会有一定的把握。

但针对复杂学科，比如说传播学，把所有的内容都放在一张图内其实并不是一个很明智的做法。几百上千个主题的堆砌，会让整张图变得复杂且难以阅读。

建议用创建多画布的方法，结合主题链接，对内容进行拆分，提高整张思维导图的可读性，也更方便打印。

1. 新建画布

在编辑界面下，选择右上角的"…"唤出更多面板，选择"当前画布"，然后选择"添加新画布"，完成画布的创建，如图 23-4 所示，可以根据思维导图的内容进行画布命名。

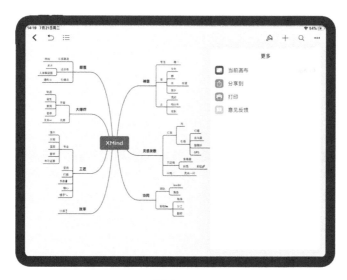

图 23-4

如果想对画布进行更多操作，向左滑动即可唤出"重命名"和"删除"画布的选项。

2. 主题链接

当你的思维导图中内容非常多，已经影响了可读性的时候，可以将具体的细节拆分到不同的画布中，然后用"主题链接"来实现跳转。

主题链接可以支持将一个主题以超链接的形式链接到另一个主题，可以在同一张思维导图中进行跳转，也可以跨画布跳转。

选中主题，单击右上角的"+"标识，选择"主题链接"，即可唤出主题链接的选项面板，如图 23-5 所示。

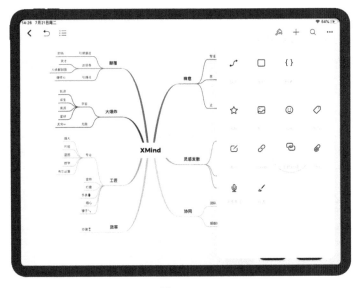

图 23-5

利用分屏功能高效记录

在 iPad 上可以通过分屏的方式来做笔记、插入图片等，提高整体的记录效率。

1. 利用分屏进行思维导图的绘制

边阅读边记笔记是比较高效的学习方式，现在我们可以用 iPad 上的分屏浏览模式实现这个高效流程。你可以在阅读电子文档的同时，打开 XMind 进行思维导图的绘制，也可以一边听课程视频一边进行笔记的梳理，如图 23-6 所示。

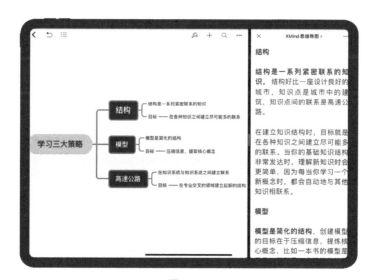

图 23-6

实现分屏的具体操作是，打开 XMind，从屏幕底部向上轻扫调出程序坞，轻触你想要打开的 App（视频 App 或者阅读器等），拖到右侧，可以拖动调整分屏的位置和顺序。

2. 利用分屏插入图片和文件

图片可以增强思维导图的趣味性，也可以为内容增加更直观的注解。在 iPad 上，可以利用分屏操作来快速插入图片或文件。

将 XMind 和查找图片的浏览器页面进行分屏，如图 23-7 所示，搜索想要插入的图片，将其拖曳到主题中即可完成图片插入操作。

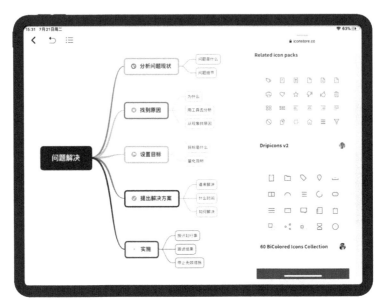

图 23-7

利用搜索功能快速定位内容

当你的思维导图中内容比较多时，利用搜索功能可以极大地提高查找内容的效率。在 iPad 上搜索很简单，直接单击右上角的放大镜形状搜索按钮，输入想搜索的内容即可，如图 23-8 所示。

从捷径中快速创建思维导图

"捷径"应用极大地优化了工作流。在"捷径"App（可在 App Store 中下载）中，将"创建 XMind 思维导图"加入捷径库（还可以让 Siri 帮忙）即可快速完成思维导图的创建，如图 23-9 所示。

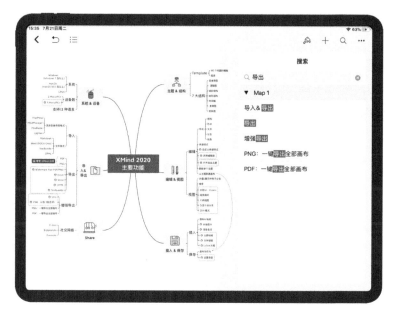

图 23-8

图 23-9

巧用快捷键和手势

如果你的 iPad 配备了智能键盘，则搭配快捷键将使绘制思维导图的效率得到极大提高。比如，按 Tab 键可以增加子主题，按 Return 键可以在主题之后增加同级主题。其他常见快捷键可以参考图 23-10。

增加子主题	→	粘贴	⌘ V
在后增加同级主题	↵	拷贝样式	⌥ ⌘ C
在前增加同级主题	⇧ ↵	粘贴样式	⌥ ⌘ V
删除	⌫	复制	⌘ D
撤销	⌘ Z	添加父主题	⌘ ↵
重做	⇧ ⌘ Z	添加联系	⇧ ⌘ L
选择上	▲	添加链接	⇧ ⌘ K
选择下	▼	添加外框	⇧ ⌘ B
选择左	◀	添加概要	⌘]
选择右	▶	添加备注	⇧ ⌘ N
搜索	⌘ F	显示格式面板	⌘ L
拷贝	⌘ C	折叠	⌘ /

图 23-10

另外，XMind 也支持 iPad 常见的手势，可以根据自己的使用习惯来应用，举例如下。

- 拷贝：三指捏合。
- 剪切：两次三指捏合。
- 粘贴：三指松开。
- 撤销：三指向左划动（或三指双击）。
- 重做：三指向右划动。

24
如何用 XMind 绘制高颜值思维导图

思维导图是思维可视化的利器，我们用它来辅助思考，同时也用它来展示思维。当一张思维导图被分享时，它的美观性即受到考验。本篇就从软件功能应用的角度和大家聊一聊如何用 XMind 绘制高颜值思维导图。

设计的四个原则

在介绍软件具体操作前，先和大家分享一下罗宾·威廉斯撰写的《写给大家看的设计书》中提到的四个非常简单易学的设计原则：对比（Contrast）、重复（Repetition）、对齐（Alignment）、亲近（Proximity）。

这四个原则是设计中最基础也最简单的原则。遵循这四个原则，你就可以快速、有效、直观地呈现关键信息。

对比（Contrast）

对于信息的主次和不同重点的呈现，我们可以通过对比某些属性，比如颜色、形状、大小、长度、字体、粗细、明暗等来增强整体的视觉效果。如图 24-1 所示，可以通过颜色和形状的不同来进行对比和区分。

颜色　　　　　　　　　　　　　形状

图 24-1

在 XMind 中，可以通过改变主题的形状、颜色、边框宽度、文本大小等样式来进行主题调整，可以通过改变其中一样或者几样来进行不同内容的强调和区分。差异化能让你的整张思维导图变得更丰富，做到有主次、有区分。

重复（Repetition）

设计中有些元素会不断重复出现以达到洗脑和统一的效果。我们想强调的是，有时候重复的内容需要保持统一，以增强内容的连贯性和一致性。在制作思维导图的过程中，同级别的主题间需要保持样式一致，这样才不会打破整体的平衡。如图 24-2 所示，虽然右边图像的颜色相比左边有点变化，但保持了色调的统一，整体看起来也是非常协调的。

图 24-2

对齐（Aligment）

在设计中，元素总是会按照一定的基准排列起来，因为对齐会显得更有条理、更有秩序感、更容易形成视觉关联。如果你的思维导图中存在较多的自由主题，将它们按照一定的秩序进行对齐排列，会让整张图的可读性大大提高。图 24-3 展示了常见的左对齐、居中、右对齐排列方式。

亲近（Proximity）

设计师喜欢将相关的元素组织在一起，和思维导图中的分类思想类似，对于相似 /同类的想法，我们也喜欢进行同类项的合并和分组。这样不仅能让你更有条理地组织想法，也能使思维导图的结构层次更加清晰。如图 24-4 所示，左边是混乱的图形组合，把图形进行分类后，即可像右边一样有规律地排列。

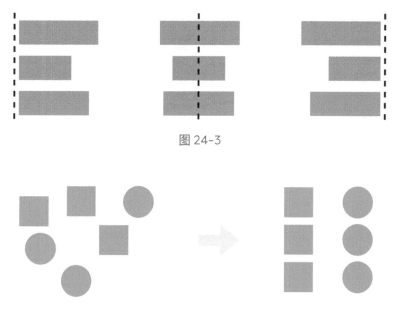

图 24-3

图 24-4

分类和概括一直都是思维导图的底层逻辑，不管是先总后分，还是先分后总，运用 MEEC 原则（互相穷尽、互不重叠）对相同的内容进行分类和组织，并用概要和外框进行总结和强调，可以让整张图更简洁且有重点。

什么是高颜值思维导图

在了解了以上四个设计原则后，我们来看一张手绘思维导图，如图 24-5 所示。

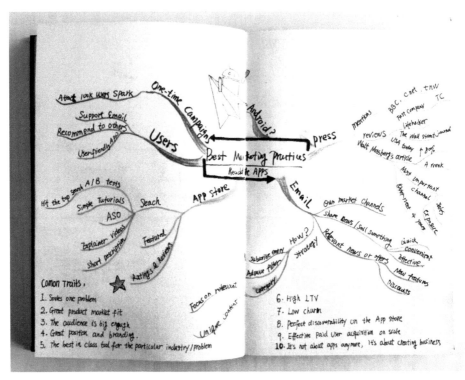

图 24-5

这是一张可读性和颜值都非常高的手绘思维导图，它做到了结构美（层级清晰、结构均衡、重点突出）、色彩美（配色协调）、图形美（图像使用恰到好处，非常生动）。

如果能做到以上几点，即使不依靠手绘，用软件也能画出高颜值思维导图。接下来，我们就从结构、色彩、图形等几个角度来聊聊如何用 XMind 绘制高颜值思维导图。

结构美

结构是一张思维导图的骨干，体现了使用者的思考逻辑。清晰的结构和突出的重点能极大地提高思维导图的可读性。

1. 灵活选择软件内自带的思维结构

前面已经介绍过，XMind 在软件内提供了各种思维结构，可以根据自己的思维逻辑选择特定的结构来进行思维的发散和整理。

（1）思维导图：最基础的结构，可用来发散和纵深思考，如图 24-6 所示。

（2）逻辑图：表达总分关系或分总关系等，如图 24-7 所示。

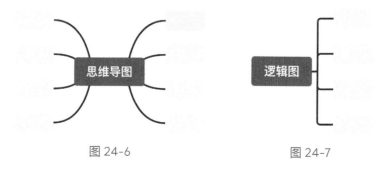

图 24-6　　　　　　　　　　　　　图 24-7

（3）时间轴：表达事件顺序或者事情的先后逻辑，如图 24-8 所示。

图 24-8

（4）组织结构图：可以厘清组织层次的人员构成或绘制金字塔结构，如图 24-9 所示。

图 24-9

（5）鱼骨图：能比较清晰地表达因果关系，如图 24-10 所示。

图 24-10

（6）矩阵图：可以用来做项目任务管理或个人计划，如图 24-11 所示。

图 24-11

2. 不同思维结构混搭

除单一的思维结构外，XMind 还支持混用多种思维结构，每一个分支主题都可以采用不同的结构，以此来表达复杂的逻辑关系。

以图 24-12 为例，当你在处理复杂的任务、进行项目管理，或者思考特别的问题时，可以用不同的结构来传递信息。比如，成员构成展示可以用组织结构图，日程安排可以用矩阵图，需求分析可以用逻辑图。

不同的结构所强调的思维方式的重点有所不同。例如，逻辑图更多地表达总分关系，矩阵图侧重对比，鱼骨图用于因果分析，时间轴在逻辑上有先后和递进的意思。

而当你想要表达的内容比较复杂、具有多重逻辑时，单一的思维结构没办法满足想表达的逻辑需求，混用不同的思维结构能够更加清晰、准确地将思维可视化。

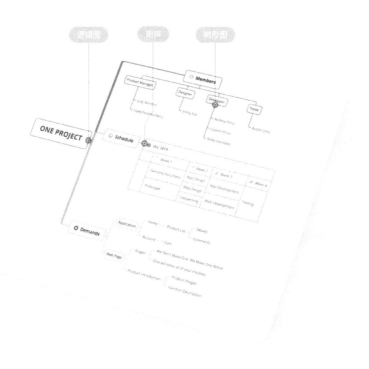

图 24-12

另外，当内容特别多时，混用思维结构可以让整张图的内容更紧凑，也更协调美观。特别地，当你想在思维导图中呈现更多信息，并追求竖屏的可读性时，混用结构是非常好的一种方式。

那么如何混用结构呢？其实操作非常简单。具体使用方法是，选中分支主题，在样式中为该主题选择结构，如图 24-13 所示。

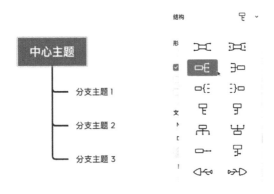

图 24-13

另外，灵活应用自由主题也能在混用思维结构上玩出更多花样。由于自由主题不受中心主题结构的限制，在结构的编排和混用上可以拥有更高的自由度。

3. 开启自动平衡布局

当你在运用平衡图进行思维发散时，可以开启"自动平衡布局"来让整体的内容分布更均衡。

使用方法：用鼠标左键单击思维导图空白处，在画布中的高级布局选项中勾选自动平衡布局，如图 24-14 所示。

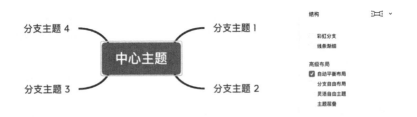

图 24-14

4. 对齐自由主题

XMind 中的自由主题打破了软件提供的结构限制，你可以在任何位置进行添加。但正如设计四原则中的对齐原则所描述的，对齐会显得更有条理和秩序感，更容易形成视觉关联。

使用方法：选中需要对齐的自由主题，单击鼠标右键唤出自由主题对齐，选择对齐方式，如图 24-15 所示。

图 24-15

色彩美

颜色是非常重要的视觉呈现方式，你可以用不同的颜色来区分不同的主题和信息。丰富的色彩可以给大脑带来刺激，给人留下更深刻的印象，而合理的配色能让整张思维导图向好看更近一步。

1. 选择软件自带的模板

XMind 自带的模板本身就具有极高的颜值，如图 24-16 所示，懒得在图片美化和配色考虑上花功夫时可直接使用模板，完全可以做出很漂亮的思维导图。

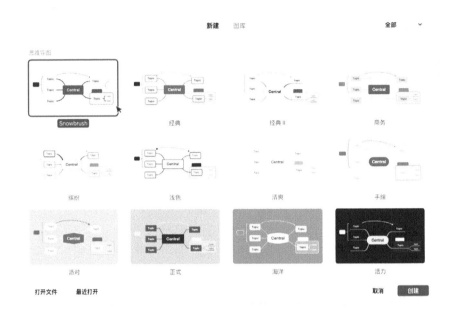

图 24-16

2. 开启彩虹分支

当你想对思维导图进行色彩美化，又不想在配色上花费太多时间时，可以直接在画布的高级选项中开启彩虹分支，如图 24-17 所示。

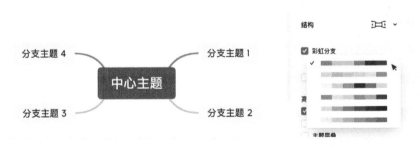

图 24-17

3. 均衡配色

除了用彩虹分支，还可以灵活运用 XMind 的颜色面板来进行颜色的自定义，如图 24-18 所示。你可以参考好看的配色，用取色器来进行颜色调整。在进行颜色设置时，可以通过降低颜色的饱和度来满足视觉上的舒适度。

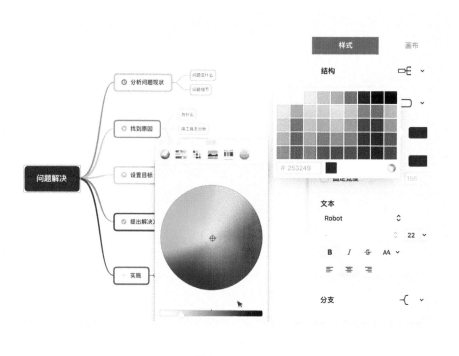

图 24-18

关于配色，这里推荐"懒人"网站 Color Hunt，里面的配色都比较协调，容易搭出好看的配色效果，如图 24-19 所示。

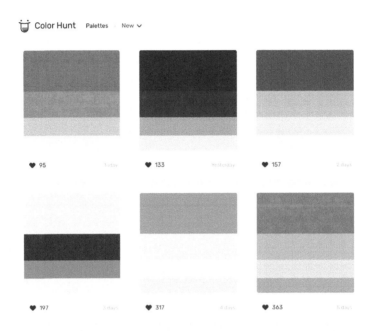

图 24-19

4．将样式同步到所有的主题

当你修改了主题的颜色或其他样式时，可以将样式同步到所有同级主题，或所有的子主题，快速进行样式更新，如图 24-20 所示。此外，还可以用拷贝样式和粘贴样式功能来进行样式同步。

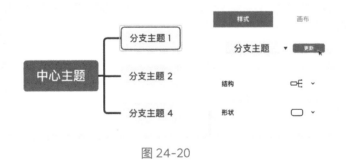

图 24-20

图形美

图像元素是思维导图中很重要的一部分，和只有干巴巴文字的思维导图相比，一张包含丰富图像的思维导图更能刺激大脑，从而帮助记忆。当你的思维导图承载了更多记忆的功能时，不妨尝试着追求图形美。

1. 插入软件自带的贴纸和标记

XMind 自带的贴纸已经可以满足大部分使用场景。例如，你想制作一个采购清单时，可以用 XMind 中的贴纸表示各个采购品类，如图 24-21 所示。

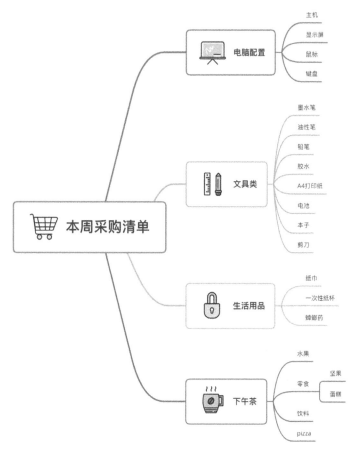

图 24-21

还可以用标记来分配任务，进行高效的项目管理。

2. 插入外网图标

当本地的图标不够用时，可以借鉴其他免费的图标网站，比如 iconstore。网站上面有许多可爱的图标，如图 24-22 所示。

图 24-22

3. 插入图片

在插入图片的时候，要尽量选取风格较类似的图片来达到风格的统一。比如，当你在绘制一张关于花朵的思维导图时，保持各种花的图片统一，整体看起来会更协调，如图 24-23 所示。

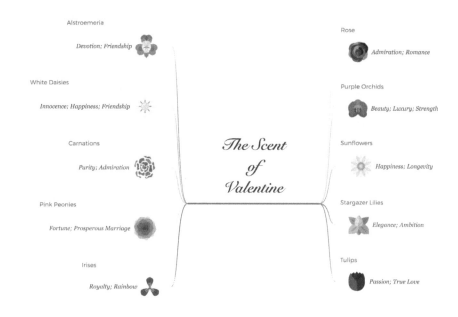

图 24-23

总的来说，把握好结构美、色彩美、图形美这三点，一般就可以画出一张高颜值的思维导图了，做出好看的思维导图其实很简单。

25
如何清晰打印内容较多的思维导图

有小伙伴问："我做的思维导图内容很多，打印在一张纸上，字特别小、看不清，这可怎么办？"因为 A4 纸的空间有限，为了获得更好的打印效果，我们可以考虑拆分内容。本篇就和大家分享如何拆分内容以达到清晰打印思维导图的目的。

分页打印

当你的图特别大的时候，可以在打印设置里面选择"分页打印"。在缩放选项中选择"实际大小"，如图 25-1 所示。这样软件就会将你的思维导图放大到实际大小，然后自动拆分并打印，保证所打印的思维导图清晰，可读性大大增强。

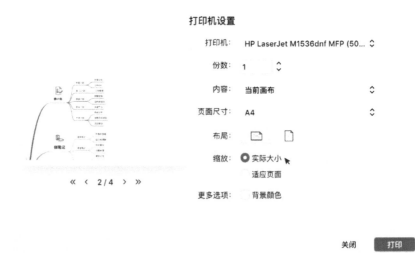

图 25-1

单独打印分支内容

分页打印时系统将自动切分思维导图的内容，如果想追求更好的适配效果，可以灵活运用"仅显示该分支"+"导出分支为"功能来自主切分内容。

你可以单击鼠标右键唤出"仅显示该分支"来预览这部分的内容，如图 25-2 所示。在这个模式下，也可以对这部分内容进行格式上的修改和自定义。

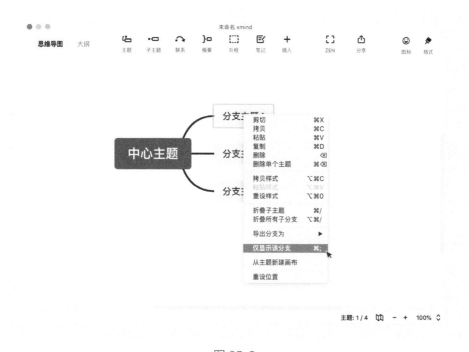

图 25-2

确认内容无误后，可以直接单击菜单栏中的"打印"选项打印该部分内容。还可以单击鼠标右键唤出"导出分支为"功能，将该部分的内容单独导出成 PDF 或 PNG 文件再进行打印，如图 25-3 所示。

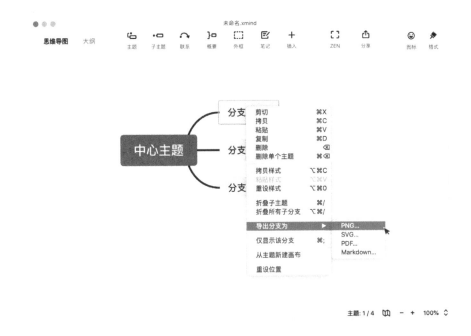

图 25-3

用多画布进行内容拆分

为了获得更好的打印效果，我们还可以将思维导图中的内容拆分到几个画布中，调整好结构和格式再进行打印。在进行内容拆分的时候，可以单击鼠标右键唤出"从主题新建画布"功能，快速创建显示该主题内容的画布，如图 25-4 所示。

也可以将鼠标移到底部画布栏，单击"+"新建画布，如图 25-5 所示。然后用剪切（快捷键：⌘+X / Ctrl+X）和粘贴（快捷键：⌘+V / Ctrl+V）的方式复制主题，进行内容拆分。

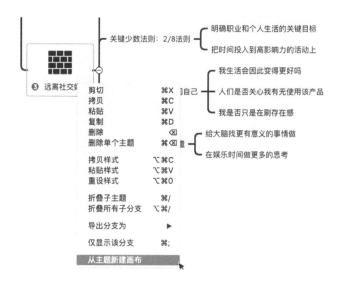

图 25-4

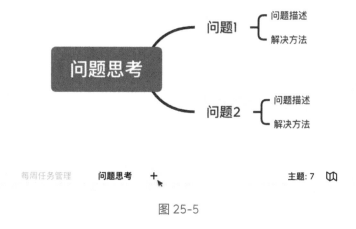

图 25-5

在各画布中调整好内容格式后，可以在打印机设置中的"内容"选项里选择打印"全部画布"，将各画布的内容分别打印。

调整好布局后再进行打印

前面讲过，XMind 支持多种思维结构，为了获得更好的打印效果，可以在"格式"面板中对思维导图的内容进行结构调整和变换，选择最适合的结构以适配打印纸张。

在打印预览中，也可以根据思维导图的实际情况进行横版或竖版的布局调整，如图 25-6 所示。横向的时间轴和鱼骨图显然是更适合横向的布局，树状图和逻辑图显然更适合竖向的布局。

图 25-6

这里有一个隐藏的小技巧，如果想导出横版的 PDF，也可以在打印机设置选项中选择"另存为 PDF"，如图 25-7 所示。

除了拆分内容，我们还可以通过其他的方式来实现清晰打印的效果。

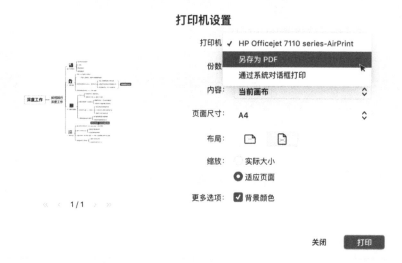

图 25-7

调大字体的大小

当思维导图的内容有点多时，可以通过放大和加粗文字来改善打印时文字太小的情况。除了在样式中更改字号，XMind 还支持多种字体及文字粗细正斜的变化，可按需选择，如图 25-8 所示。

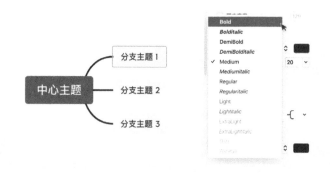

图 25-8

尽量选择对比度高的主题风格

打印时尽量选择对比度高的主题风格，这样打印出的线条会更明显，字体也会更清晰。为了满足多场合的使用需求，软件内置了多种主题风格。打印时，大家可以选择配色比较简单、对比度比较高的主题风格进行打印，比如 XMind 新建页面中的第一个 Snowbrush 风格，如图 25-9 所示。

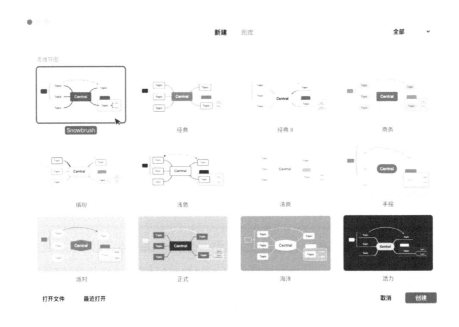

图 25-9

切换成大纲视图

如果思维导图内容实在太多且不想删减，可以切换到大纲视图并进行打印，这样可以不用调整思维导图的样式或结构。比如图 25-10 所示的《思考，快与慢》的读书笔记，即可用大纲视图模式进行打印。

用更大的纸张打印

如果你的打印机支持用更大的纸张（比如 A3 纸）打印，那么用更大的纸张来容纳
你的思维导图自然是一个打印妙招。

图 25-10

part four

第四部分

思如泉涌，成竹在"图"

思维导图作为帮助整理思绪的利器，真正应用在工作、生活中的复杂场景下可以解决非常棘手的问题。在前面的三部分中，我们认识了思维导图的作用和 XMind 的特点，了解了将思维导图用于不同场景的简单案例，以及 XMind 中的高阶功能。在这一部分中，我们将介绍一些复杂的将思维导图应用于职场和实现自我素质提升的场景，让大家在使用思维导图时胸有成竹。

第 7 章
从菜鸟到职场达人

本章要点

- 实践 OKR 工作法
- 高效求职法则
- 做商业计划书
- 辅助项目管理
- 整理会议纪要
- 撰写周报
- 做年终总结

26
如何通过 XMind 实践 OKR 工作法

本篇中我们将一起讨论，如何实现个人目标，这里主要介绍一种非常好用的方法：OKR 工作法。OKR 工作法是一个善用自制力激增效率的目标管理计划，在大公司和创业团队中经常被使用。在使用 XMind 时，我们可以制订属于自己的 OKR 计划，将其应用在个人日常工作学习中，助力个人目标实现。

什么是 OKR 工作法

OKR（Objective and Key Results）工作法又称"目标与关键结果法"，诞生于硅谷，是英特尔、谷歌、甲骨文等公司使用的目标管理计划。其中，Objectives 就是想要实现的内容，是一个需要极致聚焦的明确目标；Key Results 即量化该目标的关键结果，是检查和监控是否达到目标的标准。

OKR 工作法常用在企业和团队管理中，这里我们可以借鉴其"聚焦目标"的核心思想，将其应用在日常工作、学习中的个人目标实现上。

OKR 工作法的作用

"聚焦目标"有什么用处？也许西蒙·斯涅克的黄金圈法则可以在一定程度上说明这个问题，如图 26-1 所示。

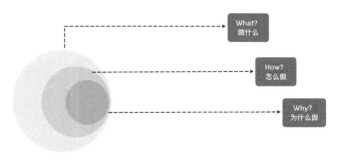

图 26-1

- **What – 做什么：** 这个无须多言，每个人都知道自己正在做什么。
- **How – 怎么做：** 通过你的个人努力、才智、经验，以及可利用的资源去做，简而言之，要展示比别人优秀之处。
- **Why – 为什么做：** 会考虑这件事的人少之又少。在这里，为了赚钱不算是"Why"，因为金钱数额只是一个结果。真正的"Why"是：你怀着什么样的信念在做这件事。

通常，我们交流、行动、思考的方式都是从外向内的，从清晰开始，然后逐渐模糊。但 OKR 工作法的魔力在于，它的逻辑恰是由内向外的。举个例子，一般公司的推销思路是 What → How → Why，而苹果公司的则是 Why → How → What。通过 XMind 能够清晰地展示两者的区别，如图 26-2 所示。

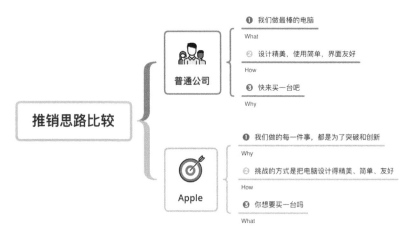

图 26-2

事实证明，人们买的不是产品，而是信念。同理，我们用 OKR 工作法指导个人工作、学习时，也不是为了"What"而完成某件事，而是为了"Why"——先明确一个信念，然后让自己的步伐始终正确，坚定向它迈进。

具体来说，OKR 工作法的作用体现在以下几个方面。

1．战略清晰

OKR 工作法是以结果为导向的，强调把时间和精力聚焦在最重要的任务上，所以它能够呈现出最需要被关注的任务或问题。

2．提供持续稳定的动力

该方法尽可能地避免了由目标和优先级不清晰引起的思路混乱，以及随之而来的消极怠工，提供了完成目标所需的动力和热情。

3．完成复杂项目

清单虽然是一个常见且简单的思维工具，能够有效清点各项事务，但它在复杂项目中的作用会大打折扣，因为清单不能帮助你战略性地分辨优先级，也不能结构化地添加可执行细则。而这些，正是 OKR 工作法的强项。

4．整合其他任务

- **支线任务：**需要注意的是，OKR 工作法和清单在日常应用中并不是互斥的，而是相互补充的——OKR 工作法用于记录你目前在做的主要项目，而支线任务一般用清单记录。
- **重要任务：**在重要和紧急的任务中，优先级最高的永远是那些紧急的任务，因为我们对于时间的压力更加敏感。但这也意味着，如果没有一个科学的规划，重要的任务将会无限期地被拖延。所以，除了复杂项目，为那些重要不紧急的任务设置 OKR 也是非常必要的。

如何从 0 开始制订一个 OKR

目标和关键结果是具有严谨逻辑关系的。可以选择 XMind 中的逻辑图，该结构可以将目标、关键结果及具体操作细节间的逻辑全部记录并可视化。以想要减肥的小王某一周的 OKR 为例，基本包括以下四个分支，如图 26-3 所示。

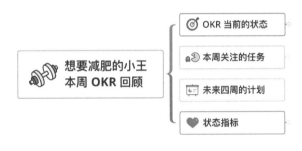

图 26-3

1. 设定目标

简单来说，目标就是想实现的内容，例如小王想要 3 个月后出现在年会上让所有人惊呼"你瘦了！"

根据定义，目标应该是重要的、具体的、具有行动导向并且能鼓舞人心的。它能够有效防止执行过程中出现模糊不清的情况。

对于个人来说，OKR 的目标设定中还应注意以下两个重要问题。

● 保持中等强度的动机

约翰·杜尔说，只有能激发人们追求卓越的目标，才能称得上真正的目标。实现目标的动机还应该能够保持较长时间，因为 OKR 的完成周期普遍在 1~3 个月。

根据耶基斯 – 多德森定律，保持中等强度的动机最有利于完成任务，过弱容易放弃，过强则可能焦虑。简单来说，就是你每天早上睁开眼，都为实现这个目标感到踏实和愉悦为宜。

● 设定有可能完成的最大目标

制订 OKR 不是为了确定你最有可能达成的一个目标，而是为了识别你有可能完成的最大目标，跳一跳能够得着的那种。心理学教授埃德温·洛克指出，设定困难目标往往比设定简单目标更能有效提升绩效。所以这个目标（O）更多的是指示了一种方向，不必追求完成，而要尽可能冲向它。

2. 设定关键结果

关键结果的设定可以参考 SMART 原则，如图 26-4 所示，遵循这个原则是获得关键结果（KR）的重要保障。前面我们已经介绍过 SMART 原则的具体内涵，这里不再赘述。

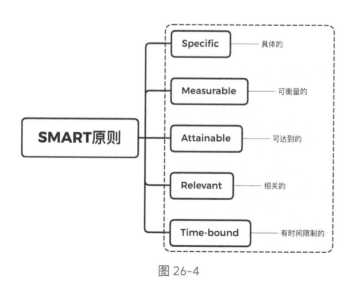

图 26-4

SMART 原则对于目标设定也同样适用。使用 XMind 可以清晰有序地列出目标及其相关的关键结果，如图 26-5 所示。

图 26-5

3. 设置本周任务和一定时限内的任务

要对本周任务设置优先级，P1 是"必须做的"，P2 是"应该做的"；设置一定时限内的任务是为了保证自己在未来一段时间内的努力都在同一轨道上，也方便提前准备，如图 26-6 所示。

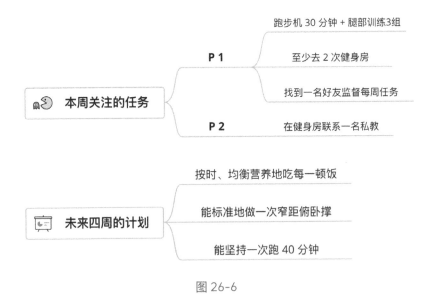

图 26-6

4. 记录状态指标

由于接下来会遇到很多挑战和问题，所以需要根据目标和关键结果自行决定状态指标，常见状态指标如信心。以信心为例，指的是估计自己能有多大可能实现关键结果。在每周复盘整理时，当小王觉得信心下降时，可用 XMind 的图标功能把它标记成红色；当信心上涨时，标记为绿色，如图 26-7 所示。

图 26-7

为什么需要加入状态指标？因为状态会影响执行效率，注意状态能让自己及时调整策略，XMind 图标的不同颜色使它更容易被识别，复盘时也能帮助着重思考状态变化的原因。

5. 回顾

OKR 工作法提倡反馈，回顾可以在每周及项目结束时进行。回顾 OKR 是高效的，因为只需要讨论以下内容。

- 优先级高的事情真的会改变关键结果吗？
- 自己的状态指标如何？
- 为什么会这样变化？

假如小王真的没有完成任何一个关键结果，他需要思考一下原因及改进方式。可以用 XMind 中的时间轴记录执行进度，如图 26-8 所示。

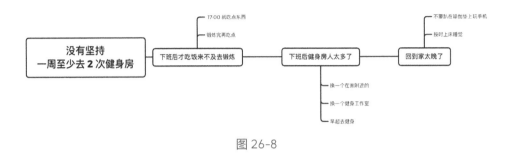

图 26-8

也别忘了为自己取得的大大小小的成果庆祝。例如每到周五，即使还没有完成所有的关键结果，也应该为自己设置了卓越目标感到自豪。OKR 工作法就是要通过实践、总结，让你不断发现、挑战自己的潜力，你不需把这个过程当作考核，不必苛责自己。OKR 可以提醒我们这一事实，帮助我们避免陷入纠结。

27
如何利用 XMind 高效求职

2020 年，疫情的到来似乎让招聘热潮冷却了许多。但如今，随着企业陆续复工，用人需求增加，应聘机会也有所增加。那么如何在求职战场中脱颖而出呢？本篇就教大家利用思维导图工具 XMind 实现高效求职的方法。

思维导图的重要性

随着思维导图这一概念在国内的普及，不少大厂的各类岗位需求中出现了对思维导图能力的要求。图 27-1 展示了从求职网站获取的字节跳动公司高级客户体验研究员一职的招聘信息，我们可以看到，在职位要求中专门提到了熟练掌握 XMind。

掌握 XMind，意味着具有了一种高效的思维方式，懂得多维度解析一个问题。如何从求职阶段就让面试官充分了解你已经具备了这种能力呢？你可以将思维导图应用在求职的每一个阶段。

求职第一阶段：制作简历的基本框架

大部分人制作简历的第一件事就是搜索下载各式模板，如何评价一份模板优秀与否呢？重点不是颜色和设计多么花哨别致，而是是否能将求职者的能力详尽地呈现给面试官。

高级客户体验研究员 (职位编号：29273)   0.7-1.4万/月

字节跳动　　查看所有职位

武汉　　3 4年经验　　本科　　招3人　　03-05发布

六险一金　　餐补　　团队氛围好　　晋升空间大

▍职位信息

职位描述：

1、根据问卷话术，执行满意度调研电话访问工作，汇总收集调研结果；

2、通过满意度调研结果，可以分析出客户需求，发现业务、产品及服务上的问题；

3、有良好的客户服务意识，邀请客户参与电话访问，并在客户出现不满情绪时，能够有效安抚；

4、通过分析客户诉求，能够为业务与服务质量提出建设性建议、措施，促进持续提高产品与服务的客户满意度、忠诚度；

职位要求：

1、3年工作经验；

2、统招本科学历及以上；

3、具备数据分析能力和经验，具有市场调研项目经历、熟悉互联网广告者优先；

4、熟练办公软件，Word、Excel、PPT、Visio、XMind等；

5、沟通表达能力良好，抗压性强。

图 27-1

千万不要忽略简历中的每一部分，简历看似简单，但做好了几乎能将进面试的几率提高 50%。优秀简历的基本框架应该包括个人信息、职位意向、教育背景、实习 /工作经历、校园活动、奖励荣誉、其他能力几个部分，如图 27-2 所示。

一份简历的基本原则应该是：**简单明了、丰富翔实**。但明明这是一对反义词，为什么会出现在一起？

简单明了指的是能概述工作的职责和具体内容，例如运营岗位的工作一般包括"内容运营""数据运营"和"活动运营"等，学会将一份工作总结为寥寥几字可以描述的要点靠的是思考和提炼。

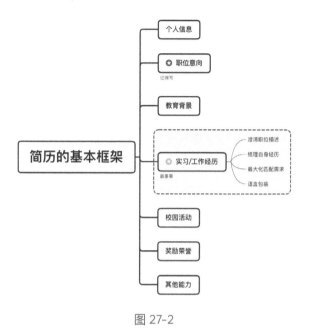

图 27-2

丰富翔实指的是每个重点部分中都有具体的事例展示，事例具有说服力靠的则是真实可靠的场景和数据。

求职第二阶段：厘清职位描述信息

总有小伙伴在写简历时抓不住重点，认为自己参与的每一件事都值得放上去，或是一时想不到自己做过什么事。

这时候只需要反复研读岗位描述。以岗位描述为重点，做好分析和归类，这样就不会迷失方向。

注意不要将所有经历全都放到简历上去，因为不是任何经历都对要找的工作有帮助。例如你的求职目标是教师岗位，那么销售的工作经历反而是一个扣分项。

职位描述不同于写文章，常见的职位描述方式是列点，基本不超过两行，篇幅也不会长于一页，这就说明 HR 在撰写的时候，以最精炼的语言将所有对候选人的要求都清清楚楚地表明了，我们以此为依据来提炼自身的经历，就是在简历上体现个人与职位的适配性的最佳方法。

以 XMind 公司的市场运营一职为例，图 27-3 是关于职位的描述全文。

XMind
移动互联网 / 不需要融资 / 50-150人

职位描述

1. 根据不同的营销需求，负责公司线上和线下活动的目标确定、方案策划、执行推进、复盘总结等工作。
2. 负责和其他部门对接沟通，确保活动可按计划顺利进行。
3. 根据活动情况，定期输出有效的数据和可行建议，做到营销优化及增长。
4. 负责对竞品活动定期分析整理和数据分析等工作。
5. 其他临时安排的市场类相关公工作。

任职要求：
1. 2年以上互联网运营经历，并且有相关活动运营工作经验，有社交平台、泛软件类相关App产品工作经验。
2. 有独立负责项目的经验，有平台型、增值型活动经验。
3. 具有较强的沟通和协调能力，有一定的数据分析和文案写作的能力。
4. 有较强的逻辑思维，临场应变和创新的能力，有责任心，有一定抗压能力。
5. 接受出差。
6. 已经是一名XMind用户加分。

如果符合以下条件，优先考虑：

1. 你有一个有趣的灵魂、是一个健谈的人，并且对生活充满热情和好奇。
2. 正在运营自己的公众号或有正在运营的微信群。
3. 对数码产品及软件应用有浓厚的兴趣。

图 27-3

从职位描述中，我们大概可以归纳出关于经验和能力的重点信息，如图 27-4 所示。

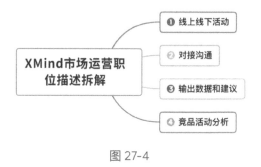

图 27-4

值得注意的是，"职位描述"一定也是面试中 HR 和部门领导会重点考查的内容，因此厘清职位描述信息，最大化适配职位，是一件贯穿求职全程的事情。

求职第三阶段：梳理自身经历

对职位描述有了精准的分析后，如何回溯自身经历进行一一匹配？主要把握以下三点原则。

- 对职位描述继续拆解。
- 使用 STAR 原则。
- 用例子和数据说话。

STAR 原则在面试中也常常会使用到：在说明自己某一方面的经验或能力时，给对方一个真实的问题场景或任务（Situation/Task），然后介绍在该事件中你是如何行动的（Action），以及通过努力你取得了什么结果（Result）。

这里要注意的是，Action 部分需要表达的是你个人的努力，而不是团队中大家的努力。

以"文案写作能力如何"这一问题为例，在面试中有两种回答方式，如图 27-5 所示。回答 1 是空洞无力的一句自我评价，不仅毫无信息量，还容易让自己陷入自卖自夸式的尴尬，不能令面试官信服。而回答 2 则给出了一个生动形象的具体例子，说明了公司或学校策划了一个全新的内容栏目（场景），他在其中主要负责素材采编、文案执笔等工作（行动），推送频率及浏览量如何（结果）。

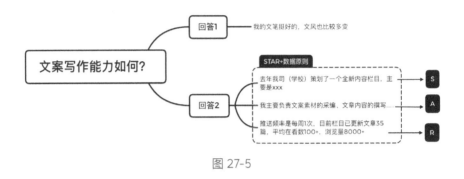

图 27-5

如何在面试中避免给出"回答 1"，多使用"回答 2"？尝试去掉"经验丰富""能力出众"等总结性的形式词，尽可能多地使用生动形象的例子来总结自己的观点和能力。

学会了回答 2 式的回答方法后，对于自己的所有经历，都可以对照着职位描述中的每一个要求进行快速整理。还以 XMind 市场运营职位为例，如图 27-6 所示。

职位描述中提到的线上线下活动，可以用一个工作案例来说明，包括塑造品牌形象和与用户沟通等场景与任务，确定了活动目标、方案，推进活动执行等个人实际行动，以及最终活动参与人数达到 30 人以上等良好的活动结果。

对接沟通可以拆解为，在一个什么项目中与什么部门进行了沟通（场景和任务），用什么方式沟通了什么内容（行动），最后达到了什么样的效果（结果）。

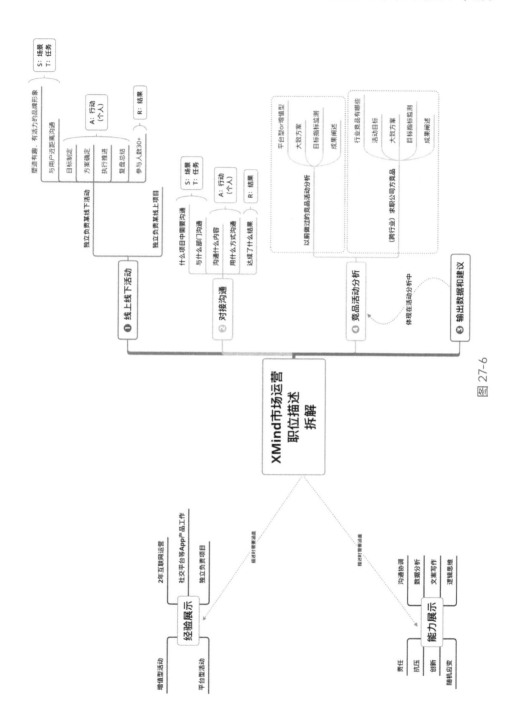

图 27-6

竞品活动分析可以拆解为以前做过的竞品活动分析，以及求职的这家公司所在行业的竞品分析，前者靠日常的工作积累，后者需要你专门应对这次面试进行准备。拆解仍然围绕 STAR 原则进行，主要包括行业竞品有哪些，它们所做活动的目标和方案是怎样的，监测了哪些目标指标，最后获得了什么样的成果。

求职第四阶段：梳理求职作品（加分项）

对于面试设计岗位的朋友，求职作品是必不可少的。对于市场、运营等其他岗位，有一份求职作品也一定会为求职加分不少。

如何用 XMind 对自己完成的工作进行分类和梳理，以及绘制作品库思维导图呢？

可以建立几个固定的文件夹，一个项目完毕后及时复盘整理。插入文件的一个好处是可以把这张作品库思维导图变成动态的，你可以往该文件夹中不断地添加已完成的项目，在面试展示的时候直接单击文件链接打开。

例如日常的工作项目包括内容运营、活动策划和合作推广，每个项目下存在不同类别的子主题，则可以在子主题中添加关联到文件夹的链接，这里以内容运营中的微信渠道为例，如图 27-7 所示，关联文件后，单击"微信渠道"旁的文件夹图标，便可一键到达项目所在文件夹，对于展示求职作品和日常工作整理都非常便利。

思维导图不仅能够帮助大家在求职时梳理思路，更能让每一个使用者在自我成长的道路上不断修正方向，完善自我。

求职是一种双向选择，求职者在接受面试的同时，也在反向面试用人单位。每一次职业选择都应该谨慎，确定对方企业是否值得自己付出劳动。

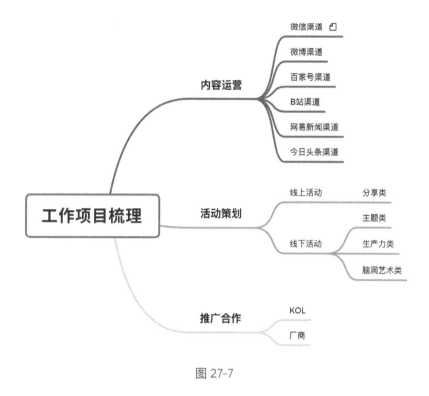

图 27-7

祝大家都能收获理想的 offer！

28
如何用 XMind 做商业计划书

不管是商业计划书，还是品牌推广提案；不管是项目执行计划，还是新品上市方案，都事关"说服的艺术"。

把复杂的商业逻辑或广告创意讲明白是一件难度很高的事情，不仅需要进行深度思考，还需要具备清晰的表达能力。

在构思的过程中，可以用 XMind 来实现以下目标。

- 打开思路，用问题推进的方式来推动你进行深度思考。
- 厘清逻辑，清晰地呈现你的思考脉络，有力地进行论证。
- 清晰表达，善用关键词，捕捉到重点且保持整体论述的简洁性。
- 形成高效的工作流，支持导出多种格式文件便于和其他办公软件协作。

本篇中我们以商业计划书为例，从"术"的层面和大家分享如何用 XMind 来提高整体的思考和书写效率。

一份优秀的商业计划书有哪些特点

一份优秀的商业计划书应具备清晰、简洁、有理有据、能抓住特点、不生搬硬套等特点，具体来讲可以分为以下四个方面。

清晰、简洁、直观，要点突出

商业计划书即公司的简历，关键在于能被读懂，因而应尽量用简单的语言表达你的观点，即使项目本身很复杂，也尽量用较容易理解的方式来表达。

另外，信息的展示要清晰直观，观点尽量用列要点的方式呈现。要注重整体的逻辑性，因为清晰的逻辑结构能极大降低沟通的成本。

有理有据，理性客观

事实和真实数据比空洞的情怀更能打动人，因此要从实际出发，用结论＋论据的方式来展开你的论证。在预估市场规模和论证市场可行性时，呈现具体、客观的数据或事实，会比假大空的忽悠更有说服力。

抓住重点，梳理清商业逻辑

要清晰地阐明项目的商业模型及能解决的问题：对当前所做的项目进行整体的梳理和分析，找到所属的细分市场，形成清晰的用户画像和定位，明确产品的逻辑和业务走向，说清楚盈利模式和潜在的商机。

量身定制，不生搬硬套

每个行业、每个领域都有自己的特殊性，不同行业间的要求和标准也不一样。根据每个项目自身的特殊性，突出自身的优势和特别之处尤其重要，切忌生搬数据或直接套用模板。

如何撰写一份商业计划书

撰写商业计划书时一般按照梳理内容框架、拆解问题并深度思考、分点阐述并论证、完善表达并输出几个步骤来进行。

梳理内容框架

撰写商业计划书是一项大工程，不仅涉及较多的内容板块，也需要提供各种数据和事实来支持。在开始动笔前，弄清楚需要囊括哪些内容十分必要。

商业计划书一般由以下内容构成，但不限于以下内容。

- 团队介绍
- 投资亮点
- 行业前景
- 痛点分析
- 解决方案
- 产品介绍
- 用户画像
- 商业模式
- 核心特点
- 盈利模式
- 竞争分析
- 竞争优势
- 财务与融资

其中，最关键的是能够清晰地阐明项目的商业模式及能解决的问题。也就是说，我们要清楚以下内容。

- 目标用户是谁
- 用户面临哪些痛点
- 如何解决这些痛点
- 如何盈利
- 团队实力如何

- 融资计划是什么

在这一步，用 XMind 来梳理整体框架十分合适。抓住商业计划书的主要思维脉络，明确你所要思考的方向，再进行问题的拆分和细节的补充。这样，不仅论证思路更明确，而且可以抓住论证逻辑。

以 Airbnb 在创业初期做的一份融资计划书为例，这份计划书只有简单的 14 页 PPT，却成功地说明了他们的商业模式并展示了其强大的市场机遇。图 28-1 列出了商业计划书的大致框架。

按顺时针的方向来看，这份计划书一上来即用一句话介绍清楚了 Airbnb 所提供的服务。紧接着分析市场痛点，提供解决方案，验证市场可行性，描述市场规模和产品如何运作，介绍商业模式和推广方案等，用一连串逻辑推理和紧密论证来说服他们的投资人。

商业计划书所包含的内容需根据实际情况量身定制，关键在于你的论证是否有说服力，是否提供了无法反驳的论点和理由。

拆解问题并深度思考

厘清主要的内容框架后，接下来就要呈现具体的内容部分。我们发现每一个内容板块都反映了一个需要深度思考的问题，且内容板块之间具有一定的逻辑关系。因而在这一步，我们可以在第一步的基础上，借助 XMind 对问题进行拆解和分析。接下来我们以商业计划书中的主要内容板块投资亮点、市场分析、产品逻辑和盈利模式为例来拆解其中需要囊括的内容。

投资亮点

如果你想迅速抓住投资人的眼球，可以在一开始就将项目的亮点呈现出现。投资亮点可拆分为以下几个方面，如图 28-2 所示。

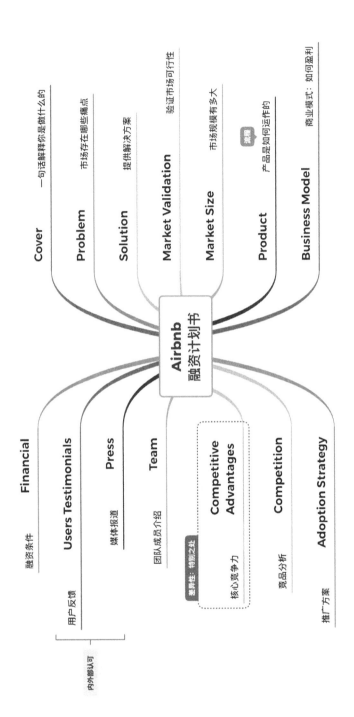

图 28-1

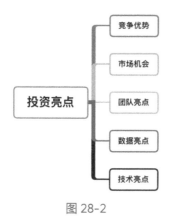

图 28-2

用开门见山的方式可以快速引起他人兴趣，抓住观者的眼球。

市场分析

在商业计划书中，很重要的一点是展示你对市场的准确理解和认知，拆解问题并推进思考，如图 28-3 所示。

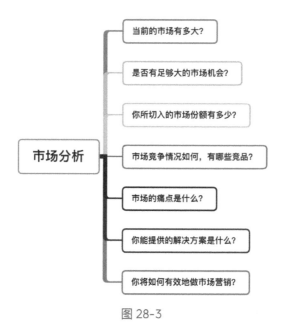

图 28-3

这部分主要检验你是否足够了解市场动态和竞争对手，是否牢牢抓住了市场痛点并提供了相应的解决方案，因而每个问题都需要深入思考和分析。

产品逻辑和盈利模式

介绍产品逻辑和盈利模式时，可以从以下几个角度去思考，如图 28-4 所示。

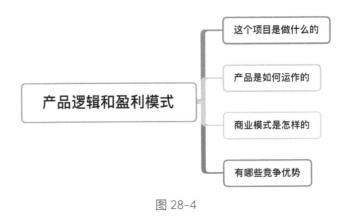

图 28-4

用问题拆解的方式一点一点地将你的思路梳理清晰，并思考清楚每个要点，这样才能在落笔时给出无法反驳的论点。

可以用 XMind 贯穿整个思考的过程，每一个问题的拆解和解答都可以用 XMind 进行级别划分。把每一个问题都思考透彻，商业计划书才会更有说服力。

分点阐述并论证

当你已思考清楚上面的问题，接下来就要进行观点的输出和论证了。用结论 + 论据的方式分点论证可以让你的观点更清晰有力。

还是以 Airbnb 在创业初期做的融资计划书中的市场分析为例。在计划书中，他们是这样呈现的。

- **市场痛点：**价格是消费者在线订房关注的重点，酒店脱离了旅游地所在的城市文化，目前没有让游客和当地人一起住或让当地人成为房东的方案。
- **解决方案：**运用网站平台让用户把多余的房间租给游客，房客省钱，房东赚钱。

Airbnb 用两个非常简洁的句子即把市场痛点和解决方案说清楚了。少即是多，保持观点的简洁清晰，专注关键要素，可以让你的论证更有说服力。

除了论证观点，提供核心数据支撑在论证过程中也是非常关键的。可以根据第二个步骤的问题拆解维度，找到核心关键数据，并在计划书中进行图表呈现。

完善表达并输出

当你用 XMind 把各个问题都厘清后，可以直接导出 Markdown 格式的文档，如图 28-5 所示。也可以导出其他格式的文档。在此基础上进一步完善细节和语言表达，然后绘制成 PPT 即可呈现。一般商业计划书建议用不超过 15 页的 PPT 呈现。

本篇就和大家分享到这里。其实不只是商业计划书，品牌推广提案、项目执行方案、新品上市方案等，都可以借助以上的方法清晰、高效地完成。大家可以举一反三，提高思考的效率。

Airbnb 融资计划书

Cover

一句话解释你是做什么的

Book rooms with local, rather than hotels

Problem

市场存在哪些痛点

Price is an important concern for customer booking online
Hotels leave you disconnected from the city and its culture
No easy way exists to book a room with a local or become a host

Solution

提供解决方案

A web platform where users can rent out their space to host travelers to
- Save money when traveling
- Make money when hosting
- Share culture local connection to the city

图 28-5

29
拒绝瞎忙，教你用 XMind 搞定项目管理

日常工作中，很多人都会遭遇以下的项目管理难题。

- 如何让项目按部就班有条不紊地开展？
- 如何让项目按时完成并达到 KPI ？
- 如何进行人员分配，让每个人都能发挥所长？
- 如何灵活处理把控项目过程中出现的问题，及时应变和处理？

所谓的项目管理，目的在于提高项目的计划性和执行力，检测项目实施过程中的状态，做好高效的人员分工，从而推动任务的顺利进行。

不管是团队中的项目管理还是个人的任务管理,都需要你有良好的计划和把控能力，本篇就和大家分享如何巧妙利用 XMind 搞定项目管理。

立项前，用 XMind 梳理项目

思维导图的作用在于帮你厘清思路，当你在项目成立之初毫无头绪不知道该怎么入手的时候，可以用思维导图把头脑中的想法进行梳理并可视化。

在项目成立时，要想清楚这个项目到底要做什么，目标用户特征和核心需求是什么，需要哪些技术支持和驱动，需要哪些人力支持，项目的紧急程度如何等。在把这些想清楚的基础上，就可以开始立项了。举个例子，当你在规划新产品上线项目时，可以先梳理清楚上线所需要的各个环节。比如，对于在官网上线一个新产品而言，可以从官网上线、自营渠道和对外合作这三点思考流程重点，如图 29-1 所示。

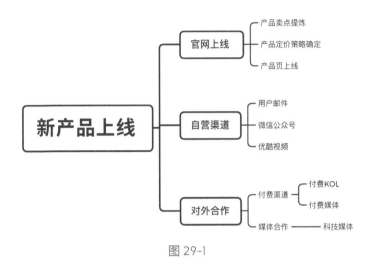

图 29-1

计划时，用 XMind 进行精细化的任务拆解

当你在进行任务规划的时候，应确保任务执行的粒度足够细，也就是说任务必须是清晰、具体、可执行的，比如在图 29-1 的"自营渠道"的基础上，我们可以进一步思考执行的细节，并补充完善，如图 29-2 所示。

在这个基础上，可以将任务和相关的负责人对应起来，并且明确每一项任务的工作量和完成时间。

用 XMind 安排任务的优先级

为了更好地把控项目的进程，让各个任务有序完成，应通过任务的重要度和紧急程度来进行优先级的判断。按照轻重缓急进行事项上的安排，能让你更好地把控项目进度，让一切按计划进行。

而且很多任务具有时间上的承接性，比如一个产品的上线需经过需求发掘、版本规划、方案策划、方案评审、UI 设计、开发、测试、发布等一系列的流程，哪些任务可以同时进行，哪些任务有先后顺序，都应该合理安排。

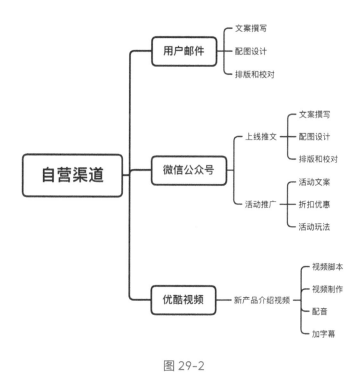

图 29-2

用 XMind 把控项目进度

在项目开始执行后，及时记录进度、检测项目状态、控制好每一个任务的时间节点，这是保证项目顺利进行的必要手段。为了保证执行的各个环节不出岔子，应根据具体的执行情况，调整任务目标、资源、进度并修改计划。

XMind 是项目管理神器，可以参与到项目执行的各个流程中。接下来从软件应用方面和大家分享如何巧妙地运用标记进行更高效的项目管理。

标记是绘制日程规划、项目管理，以及一些需要掌控时间节点、进度和人员安排的思维导图的利器。巧妙运用标记，能够帮你高效地完成轻量级的项目管理。我们可以用标记来体现任务的优先级、完成顺序、人员分工、完成度等。

标记任务的优先级和完成顺序

可以用不同颜色的标签来标记任务的重要程度，比如红色为重要，黄色次之。也可以用不同数字的优先级来标记哪些任务需要先完成，哪些任务可以稍后完成，如图 29-3 所示。

图 29-3

标记任务分配 / 人员分工

清晰的任务分配，明确每个人的工作职能是确保团队工作有效进行的前提。你可以用旗帜、星星或人像来标记相关负责人，如图 29-4 所示。

图 29-4

标记任务的完成度

在项目执行的时候，可以用进度不同的任务图标来标记任务的完成度，定时记录进度，并及时调整各任务的进度安排，保证项目的顺利进行，如图 29-5 所示。

图 29-5

自行定义，灵活运用

除了以上的标记方式，还可以运用月份和星期标记来表示时间。也可以运用符号标记来表示其他你想表达的意义。XMind 提供了各式各样的标记来满足你各个场景的使用需求。

举个具体的例子，比如当你在思考一个新产品上线需要做哪些工作，具体任务怎么安排到具体人员，以及时间节点怎么控制的时候，可以运用标记来厘清思路。如图 29-6 所示，可以为插入的标记添加图例辅助人员安排。

当然，这只是一个比较简单的示例，具体工作中遇到的项目会更复杂。但这种轻量级的项目管理方法非常值得借鉴，10 分钟就可以画出一个大概的管理方案，能有效提升你的工作效率。

高效的项目管理不仅能推动项目的顺利进行，让每个人各尽其用，而且能提高项目的完成效率，让你更好地管理产品需求、把控开发进度、提高研发效率，最终推动产品不断提升。小标记也能有大用途。

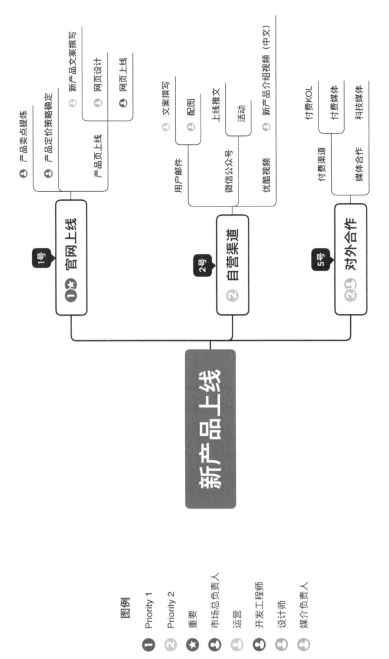

图 29-6

图例

① Priority 1
② Priority 2
★ 重要
① 市场总负责人
① 运营
① 开发工程师
① 设计师
① 媒介负责人

30
用 XMind 做出让人眼前一亮的会议纪要

做会议纪要是一件非常基础但又很重要的事情，好的会议纪要可以体现你的基本职业素养。然而做好一份会议纪要并不简单。本篇将和大家分享如何用 XMind 做出一份让人眼前一亮的会议纪要。

什么样的会议纪要会让人眼前一亮

会议纪要不仅要简单呈现会议内容，还要对会议逻辑进行梳理。写会议纪要的目的，是既要让参会的人知道会议的结果，可以明确指导下一步的工作方向，又要让没有参会的人能知道会议的主要内容。

因此，一份好的会议纪要，需要有以下的特质。

1. 逻辑清晰，条理清楚

讨论和交流是一场会议的关键组成部分，交流时你一言我一语，如果只是如实进行记录，是非常混乱的。因而做会议纪要的人，不仅要抓住发言的关键信息，还要把逻辑理顺，有条理地进行呈现。

2. 突出要点，内容全面

会议纪要不仅要全面真实地反映会议的内容，还要突出呈现关键要点。对于一场三个小时的会议，其内容量是非常庞大的，我们不仅要全面地记录会议的内容，而且要做到可以让人从中 get 到要点、重点。

3. 有结论，有指导意义

一场成功的会议，可以为下一步执行提供参考依据，因而结论是非常重要的。如果实在没有结论，也应该记录下关键议题的讨论进度，以便开启下一场讨论。

如何记录才能更高效

要做好一份会议纪要并不简单，在会议前要做好充足的准备，在会议时要做好会议记录，在会议后更要及时整理会议记录。接下来我们从会议前、会议中、会议后这三个阶段介绍如何更好地做准备。

会议前做好充足的准备

准备一场会议需要做到三点：明确会议的主题和任务、了解参会人员信息、整理好会议资料。

1. 明确会议的主题和任务

一场高效的会议通常都有特定的主题和讨论任务，不管是跨部门的大会，还是部门内的小会，都需要一个会议主题。因而，在开会前，**明确会议的主题和任务，**可以让你对本场会议的主要内容有更强的把控力。而且在会议过程中，当团队脱离议题讨论方向开始闲聊时，也可以及时将大家引回正轨。

2. 了解参会人员信息

对于特别重要的会议，除了明确会议的主题，提前掌握参会人员信息也是非常重要的环节。一来，在会议过程中可以准确捕捉发言人传递的信息，二来也方便在会议时对号入座做好相应的记录。

3. 整理好会议资料

对于重要会议，可以预先整理会议的资料。特别地，如果能要到发言人的 PPT 或讲稿，做好充分的预习，可以让你更好地准备，也方便及时核对及补足记录。

会议时做好会议记录

在会议过程中可以灵活使用 XMind 来抓要点和理逻辑，还可以用语音备注的功能来做好内容存档。

1. 抓住关键要点，快速厘清逻辑

当你熟悉了思维导图的操作方式后，你会发现，并不需要逐字逐句记录会议内容。你可以将时间和精力更多地用于理解和思考，快速厘清发言人的思路和逻辑，掌握中心思想并简要地进行关键要点的记录。

"自从用了 XMind，我基本可以把三个小时的会议内容全部同步下来，而且全部罗列清楚。边听边整理边记的效果很棒，会议结束后可以直接发给团队成员。"

这是一个用户的经验分享，可以说非常客观。如图 30-1 所示，这是一场时长半小时的关于竖屏思维导图的分享会会议记录，可以看到，其中要点非常清晰、明确。

2. 灵活运用语音备注，做好内容存档

XMind 的"语音备注"功能让你可以在思维导图的分支主题上添加录音，轻松录下所有需要记录的重点。你能用更多的精力，去理解和吸收当下的内容。使用时，单击工具栏的【插入】按钮，选择"语音备注"即可进行录音，如图 30-2 所示。

相比其他从一而终的录音设备而言，运用 XMind 的语言备注功能更方便进行信息

的提取和回顾。你可以根据发言人的逻辑或议题的分类，分段记录关键的要点，做到简而精。

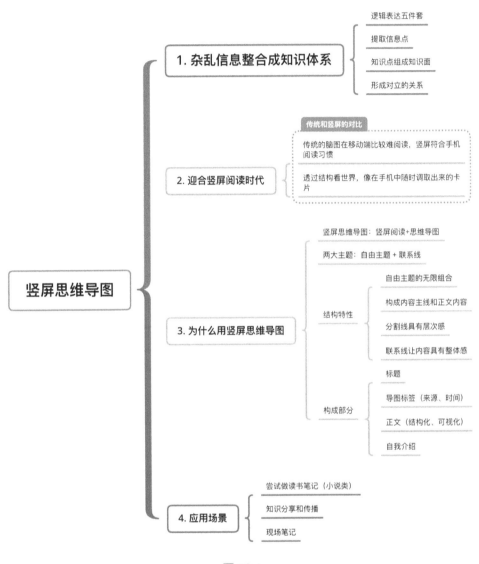

图 30-1

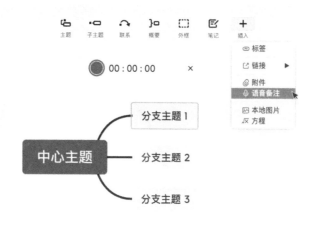

图 30-2

会议后及时整理会议记录

在全面记录下会议的要点之后，很关键的一步在于会议记录的整理。好的会议纪要的逻辑层次是非常清晰的，语言也比较精简。如果你在会议过程中用思维导图做好会议记录，在整理逻辑的时候就非常方便了。

1. 按照项目 / 任务进行整理

通常的会议一般都有主要的议题，是以项目、任务为讨论核心的。因而可以将议题**按主要的任务方向**拆分，并进行整理和记录。很重要的一点是，应该按照内容相关性进行分类，而不是按实际的发言顺序，不然就很可能写成流水账。如图 30-3 所示，这就是根据任务来进行记录的。

2. 按照发言人进行整理

如果会议中只涉及一个主要的任务，则可以按照发言人来进行内容的分类和整理。将发言内容对应到人可以让会议内容更有重点、有条理，如图 30-4 所示。

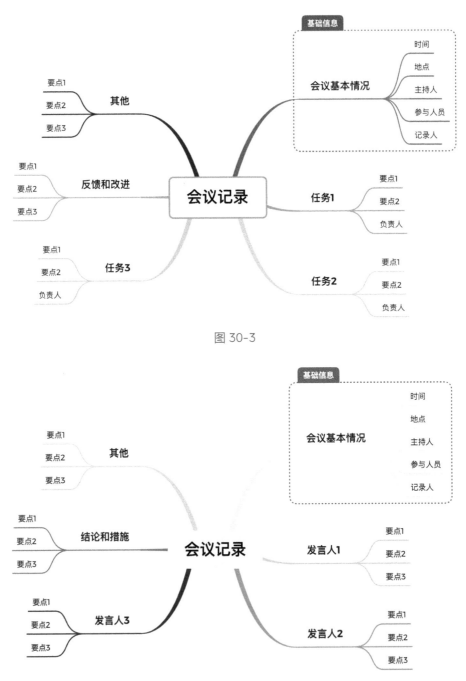

图 30-3

图 30-4

整理完后，可以根据场合输出相应的文档。

不同场合下的会议纪要其语言表达是不同的，如果只是内部的会议，可以直接将整理好的 XMind 思维导图文件分享给大家。如果是比较正式且重要的场合，可以在这个基础上进行一定的补充，形成完整、规范的公文。

XMind 支持导出 Word、Markdown 等文本格式文件，可以在这个基础上进一步进行文本的编辑和补充。正式的会议纪要中需要有标题、会议议题、时间、地点、参会人员及主要的会议内容等信息。

另外，会议结束后的半小时是记忆的黄金时期，可以趁还有记忆的时候及时对会议记录进行整理并发给相关的同事们，涉及重要会议的，可以给相关的参会小伙伴们或领导确认后再发出。

最后，分享几个关于会议纪要的要点给大家。

- 在进行关键内容的记录时，要重视动词和关键名词。
- 多注意首先、其次、最后等关键信息，避免遗漏要点。
- 在会议前期，可以提前列好时间、地点、与会人员、会议题目等基本信息。
- 如果是刚入职的小伙伴，可以找前辈要来之前的会议纪要学习和模仿。

31
如何用 XMind 撰写周报

周报是有效的日常管理和沟通工具,但强制性的周报制度却让它成为无数人的噩梦。其实这份痛苦完全能够避免，本篇我们就和大家分享如何用 XMind "愉快" 地写好一份周报。

写周报是否有必要

尽管大家都对写周报这件事热情不高，但写周报其实很有必要。写周报是在每周重新审视自我的机会，也让同事间彼此的信息同步开放。写周报到底有什么好处，我们可以用思维导图整理一下，如图 31-1 所示。

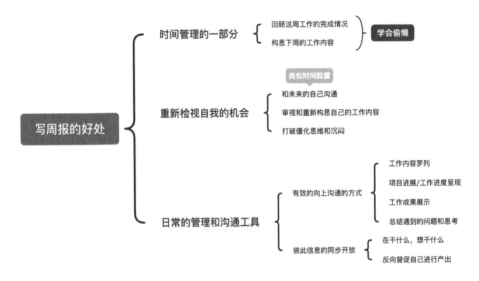

图 31-1

周报是时间管理的一部分

写周报是以周为单位的时间管理方法。在每周结束时回顾这一周工作的完成情况，并构思下一周的工作内容，有助于及时做好调整与安排。

一味埋头苦干扎进各种琐事中会让人陷入忙碌的怪圈，跳脱出这种思维模式，抽出时间想明白"做什么"和"如何做"，是一种更聪明的方式。

周报是重新检视自我的机会

周报给了我们在每周结束时进行自我审视的机会。

"互联网的工作内容大部分与创造力有关，我们最大的困难不是缺乏时间或投资，而是缺乏创造力，是被日复一日重复、琐碎、机械的工作内容占据，是长期埋头苦干导致的思维僵化。"

XMind CEO，孙方

怎么打破写周报的沉闷？ XMind 的 CEO 孙方认为，运用极富创造力的工具，比如用 XMind 来写周报并重新构思工作内容是不错的解决方法。

XMind 团队的周报都是用 XMind 完成的，这种高效敏捷是我们所推崇的。用写论文的精神去写几千字的周报确实没有必要，我们更关注的是你遇到的问题和你对问题的思考。

周报可以让你在完成每周的工作后停下来，给自己一小段时间重新审视和构思自己的工作内容和工作方式，简要记录自己的想法，相当于是给自己创造和未来的自己沟通的时间胶囊。

周报让彼此的信息同步开放

周报是日常的管理和沟通工具，是向上沟通的有效方式。通过工作事项的罗列和工作成果的展示，团队 leader 可以知道当前项目的进展、你的工作进度和你遇到的问题及思考。

同样，周报也是团队成员间有效沟通的渠道。除了熟知自己平常负责的内容，了解团队其他成员都在想什么、做什么也很重要，互相学习和借鉴的同时也能反向激励你去进行产出。

周报对于个人成长的作用巨大，喜欢总结和复盘的朋友都尝过这个甜头。但为什么大家还是讨厌写周报？说到底，大家讨厌的其实不是周报本身，而是繁杂无用的形式主义。我们讨厌的是为了凑规定字数装腔作势的周报。

如何写好一份周报

对周报深恶痛绝大可不必，掌握门路会发现其实也不难。那么如何又快又好地写周报呢？首先我们得弄清周报里面要写哪些内容。我们可以用思维导图来梳理一下，如图 31-2 所示。

1. 本周工作回顾与总结

汇报重点工作 / 数据，简要地把这一周完成的任务进行提炼，回顾总结这一周的工作完成情况。尽量避免流水账式的写法，更不要堆砌太多繁杂的细节。

2. 下周任务安排

根据当前任务的完成进度和可预知的工作内容合理安排下周任务，罗列事项并整理好优先级。在此基础上还可以预估待办事项的完成时间，并设定好相应的时间节点。如果任务需要其他小伙伴配合，可以标注出来。

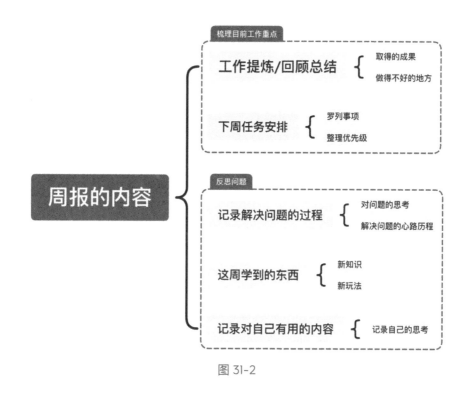

图 31-2

这两部分是周报中比较常规的内容，除此之外，还可以记录一些对自己有用的内容，比如对问题的思考和学到的一些新东西。

3. 遇到的问题及解决过程

善于解决问题是职场的核心竞争力。记录下自己对某个问题的思考和解决过程是和未来的自己沟通的有效方式。比如开发人员对某个功能实现的思考，要用什么技术方式去实现，怎么实现，有哪些坑等，呈现这些心路历程和想法除了能加强团队间的沟通和交流，对自身成长也有助力。

4. 新学到的技能

技术日新月异，互联网行业中的各种玩法也瞬息万变。保持学习和开放的心态是职场中每个人都应有的觉悟。可以在周报中简单记录下你这一周新学到的东西。

5. 其他对自己有用的内容

除了正儿八经的内容，还可以简单记录一些工作中遇到的趣事。写周报的人不再觉得这是一项苦差，看周报的人也有兴趣。

写好周报的原则

弄清楚周报应写什么后，我们来看看写好一份周报的原则。写好一份周报最大的原则就是不把写周报这件事当成是应付上级的任务，为自己而写。

对自己诚实：真实地记录自己这一周的工作内容和对自己有用的内容，写周报的过程也是自我监督的过程，能反向去推动你进行产出。

精简且要点化：准确地写清楚关键的内容，不要记流水账，而要尽量用要点化的语言去描述。动辄几千字的周报不仅让写的人痛苦，也让看的人费时费力。我们为什么不用一张更清晰简单的思维导图来呈现呢？

用 XMind 愉快地写周报

思维导图不仅是思维利器，也是沟通利器。它让你更清晰地表达自己的想法，也让你能一眼看清别人的想法。

我们提倡用 XMind 写周报，不仅因为用它来写周报更简单高效，更因为它能将你的想法结构化，让看的人更容易 get 到你的想法，那么如何用 XMind 写周报呢？具体有以下四个步骤，如图 31-3 所示。

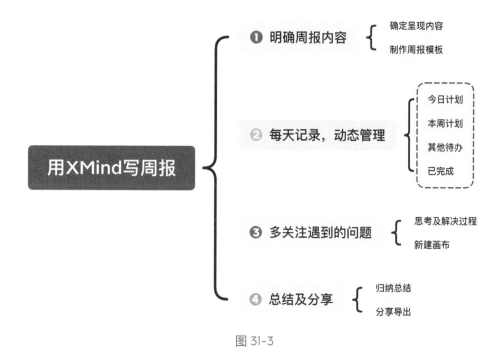

图 31-3

Step 1：明确周报内容

每个人的工作重点不同，有的人以任务为导向，有的人需要在周报中呈现关键数据，我们可以根据自身的实际情况，明确自己在周报中需要呈现哪些内容，甚至为自己量身制作一个周报模板，如图 31-4 所示，每次写时直接填充即可。

Step 2：每天记录，动态管理

在每周开始时需要把这周要完成的事项都列出来，区分优先级，并安排好时间。可以用今日计划、本周计划、其他待办、已完成这四个维度来进行任务管理，如图 31-5 所示。

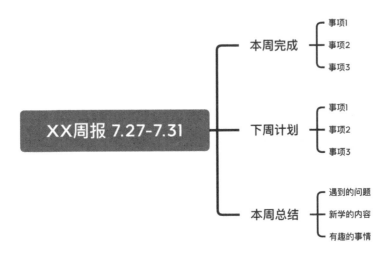

图 31-4

创建每日流程，在每天开始工作前，明确好今天需要完成的任务，这样能帮助自己快速进入工作状态。在每天结束时，可以把今日计划中完成的任务归入已完成，记录好每日执行的结果、反馈和总结。

这样在每周结束时，这部分已完成的任务就是本周的工作重点，未完成的就是下周的工作任务。因为每天都会记录，所以在一周结束时就不用再绞尽脑汁想这周到底做了些什么。

Step 3：多关注遇到的问题

除了记录日常工作事项，还可以多关注遇到的一些问题及你当下解决问题的思路。XMind 支持创建多画布，可以在任务管理后面新建一张关于问题思考的画布，记录这周遇到的一些问题和思考，如图 31-6 所示。

如果问题比较复杂，还可以把细节放入笔记来保持整张图的简洁，需要时再查看，如图 31-7 所示。

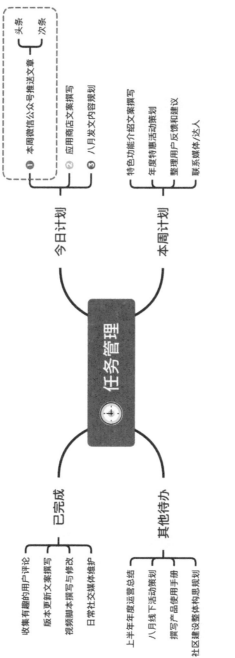

图 31-5

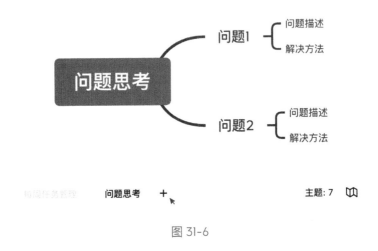

图 31-6

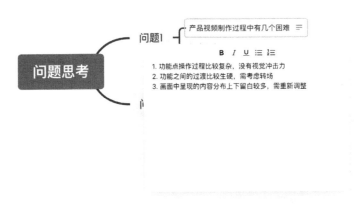

图 31-7

Step 4: 总结及分享

经过了以上三个步骤后，在每周结束前写周报便会感到很轻松。最后要做的就是在每天记录的内容基础上进一步进行归纳和总结，补充关键成果并审视自己本周的工作状态，规划下周的工作内容。图 31-8 是一份思维清晰、内容丰富的周报，其中体现了我们在前三步中介绍的技巧。

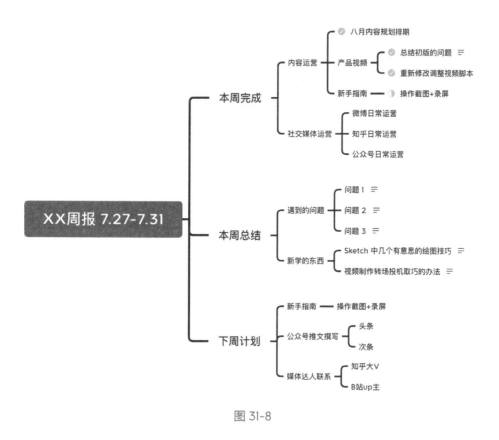

图 31-8

在总结时可以任意拖动分支主题，或者通过复制粘贴的方式在不同画布间进行主题整合。完成后，可以通过图片导出的方式与领导或其他小伙伴分享，也可以直接分享 .xmind 格式的文件。

相比其他上千字的周报，用思维导图写周报无疑更轻松高效。简简单单一张图能说清楚你这周做的事情，你遇到的一些问题，你的一些思考。写的人清清楚楚，看的人也一目了然。

32
如何写出让人惊艳的年终总结

年末是总结一年工作最适宜的时候，也是升职加薪走上人生巅峰的关键时刻。平常默默耕耘的人如何让大家看到他的付出和努力？一份思维清晰、有说服力的年终总结必不可少。本篇我们就和大家分享，如何借助 XMind 写出让人惊艳的年终总结。

年终总结的重要性

在开始写年终总结前，我们需要先想明白，为什么要做年终总结。很多人觉得年终总结不过是给老板交的成绩单，走走流程、做做样子混过去就好了，其实不然。对领导而言，年终总结是对你一年工作成果的呈现和输出；对个人而言，认真写好年终总结有助于个人成长和提升。

因而，不管公司有没有要求，认真复盘过去一年，总结和分析工作上的成长和不足都是为职业生涯加分的事情。

写年终总结的基本原则

写好年终总结需要有**善于总结、善于梳理、善于思考**的思维能力。一年的时间挺长，可能大家都会经历很多项目，做了很多大大小小的事情。如果平常没有整理和记录，会无从入手。在开始进行年终总结前，可以先了解以下几个基本原则，避免踩坑，如图 32-1 所示。

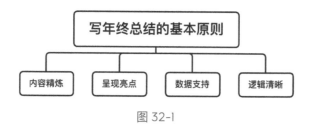

图 32-1

1. 内容精炼

不要一味堆砌这一年的工作内容，**而要有主次、有重点**地进行呈现。很多人会倾向于把这一年做过的所有事情都进行整理，然后罗列，觉得如果不全部展示，事情就白做了。但是真正聪明的人都会有的放矢，精炼内容。

尽量将信息量进行压缩，多用关键词或关键短语去描述，而不用长句，这会让你的总结更加精炼。

2. 呈现亮点

前面提到，年终总结是对你一年工作成果的呈现和输出，所以很重要的一点就是对你的工作成果进行**亮点呈现，突出你的个人价值**。换句话说，就是要突出你的工作重点，把你做得最好的事情，对公司来说**最有价值、最有贡献的部分**呈现出来。

如果你的工作是由 KPI 驱动的，那就呈现你今年超量完成的数据亮点。如果你的工作是按项目展开的，那就将你最成功的几个项目呈现出来。

3. 数据支持

用数据说话。假大空的套话其实并没有说服力，如果你的工作成果能用数据展现，那就量化你的工作成果。比如负责新媒体运营的小 C，他负责的公众号关注数从 2000 涨到 40000，增长 1900％。这就是一个非常有说服力的数据。

4. 逻辑清晰

逻辑清晰是表达的前提。一份好的年终总结应该是**框架清晰，条理清楚**的。不管是书面还是口头形式，用结构化的方式去进行内容的呈现，都更容易让人懂，因为我们的大脑更容易接收有规律的信息。

因而，在动笔之前，建议用思维导图来整理，这样可以更清晰、更有条理地进行归纳和总结。

如何写年终总结

有了方法论之后，如何从无到有写出一份思维清晰的年终总结呢？我们可以按照以下顺序方式，选择适合自己的来完成。

重要性顺序

在思考的时候，我们可以采用**从下到上**（先分散后总结）的思考方式。

列举：首先用列举法。先大概列出全年的工作内容、所有参与的项目及最终的完成情况。列举的时候不用写出太多细节。这一步是为了大概了解这一年内主要完成的事情，做到心中有数。

排序：其次用排序法。按照项目／任务的重要程度、参与度进行排序，重要的、参与度高的项目／任务在前，其余次之。这一步可以让你大概了解年终总结中需要重点呈现的是哪些内容。

总结：最后对重要项目／任务的成果进行总结，提炼全年的工作亮点。

为了让你的表达更清晰，在进行结果呈现的时候，我们可以用**由上而下**（先总结后分散）的方式去进行内容的呈现，如图 32-2 所示。

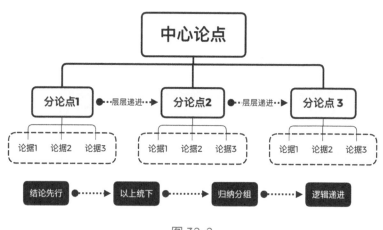

图 32-2

- **结论先行：** 首先呈现全年的工作亮点，把最重要的结论和成果呈现出来。注意做到精炼，突出重点。
- **以上统下：** 每个部分需要有一个比较鲜明的结论，类似于小标题，以上统下，让整体更有层次感。
- **归纳分组：** 按照项目 / 任务的重要程度，进行重点项目 / 任务的成果展现，最好用数据呈现，用事实说话。
- **逻辑递进：** 每部分中的内容，尽量按照一定的逻辑顺序展开论述，让整体更有条理和说服力。

时间顺序

如果你的工作内容不是按项目划分的，可以采用时间顺序来进行总结。但同样，也可以用大事记、里程碑时间（时间轴）来突出每个阶段的亮点，做到有主有次，如图 32-3 所示。展开总结的方式可以参考以下方法。

- **按时间罗列全年事件：** 根据时间顺序，先细数这一年内各个时间段主要的工作内容，完成了哪些事情。

- **提炼阶段表现：** 或许每个时间段的工作侧重点不同，可以按季度来提炼总结自己的阶段表现，呈现个人的工作成果。

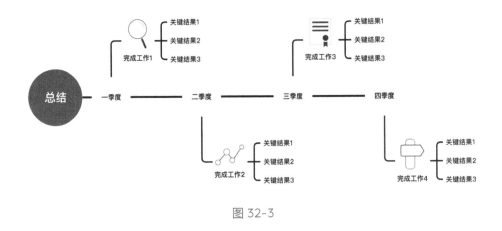

图 32-3

结构顺序

如果你的工作内容较多，囊括的范围较广，可以将年终总结拆分成几个部分来进行盘点和概括。比如说很多市场运营的工作岗位，要兼顾的东西比较多，如图 32-4 所示，包括社交媒体、活动运营、媒体维护、渠道开拓等。这时就可以按结构顺序，分部分进行阐述。

当然，除了盘点成果，总结经验教训、分析问题和不足也是很重要的部分。如果你想让这份年终总结更有深度，最好的方式是加入你自己的思考。不管是对产品的想法、对渠道的观察、对现状的分析建议，还是新一年的改进措施和展望，都是加分项，可以认真思考。

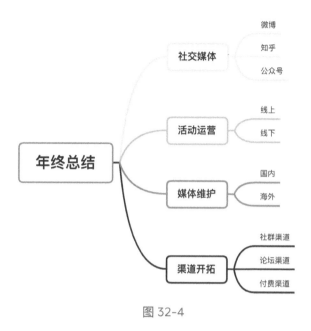

图 32-4

XMind 和 PPT 联动的小技巧

在进行年终总结时，如果是部门内部的分享，用 XMind 来呈现完全够用。但如果要面向客户或老板进行总结，很多人会选择用 PPT 或 Keynote 进行呈现。下面我们和大家分享几点 XMind 和 PPT 联动的小技巧。

导出透明背景的 PNG 图片，再插入 PPT

XMind 支持导出透明背景的 PNG 图片，可以先在 XMind 内将逻辑厘清，然后将图片插入 PPT。透明背景的 PNG 图片的好处在于，可以将思维导图更巧妙地融入 PPT，不会造成突兀感。

在导出图片时选择透明背景，如图 32-5 所示。将背景颜色设为无填充也可以导出透明背景的图片，另外除了精美的主题模板，满足商务需求和教育需求的原创贴纸和图标也可以充分利用起来。

图 32-5

运用大纲视图，厘清思路

PPT 最重要的其实不是美观的排版，而是清晰的逻辑。可利用大纲视图 + 思维导图的方式迅速厘清年终总结的思路和大致内容。在图 32-6 所示的大纲视图模式中梳理好思路和逻辑，然后导出 Word、Markdown、TextBundle、OPML 等文本文件，进一步优化工作流。

图 32-6

通过以上方式，我们可以将自己一年的努力成果结构化地进行展示，有理有据地展示自己工作上的亮点和成就。充分体现个人的贡献和价值，这也是年终总结的意义所在。

第 8 章
享受更优质的生活

本章要点

- 规划精彩旅行
- 辅助时间管理
- 展示思维魅力

33
如何用 XMind 规划一场精彩的旅行

喜欢旅行的原因在于，旅行能让你从日复一日的高压生活中短暂地解脱出来，得到放松和喘息。在陌生的地方有目的或无目的地四处游荡，不管是山林，还是海岛，或炎热，或极寒，对于人的感官来说，都是新鲜的。

聪明人不仅擅长高效率工作，也擅长休闲和放松。在时间和预算都有限的情况下，制订计划和攻略十分必要。本篇就和大家分享如何用 XMind 规划一场精彩的旅行。

确定旅行目的地

关键字：订票、办理签证

确定去哪里

做旅行规划时，头等大事是先确定去哪里。

旅行目的地的选取主要取决于你想要怎样的旅行，还有你想从这次旅程中体验到什么。如果你心中早已有想到达的远方，逮住假期就可以出发。

如果你实在没有什么想法，可以先确定在什么时候能匀出多少时间，再根据时间决定是就近玩耍，还是长途旅行。

不管是被当地的自然风光所吸引，还是想体验当地的人文风情，或是只想放松和购物，我们都可以充分利用 XMind，对旅行目的地进行分类整理，如图 33-1 所示。

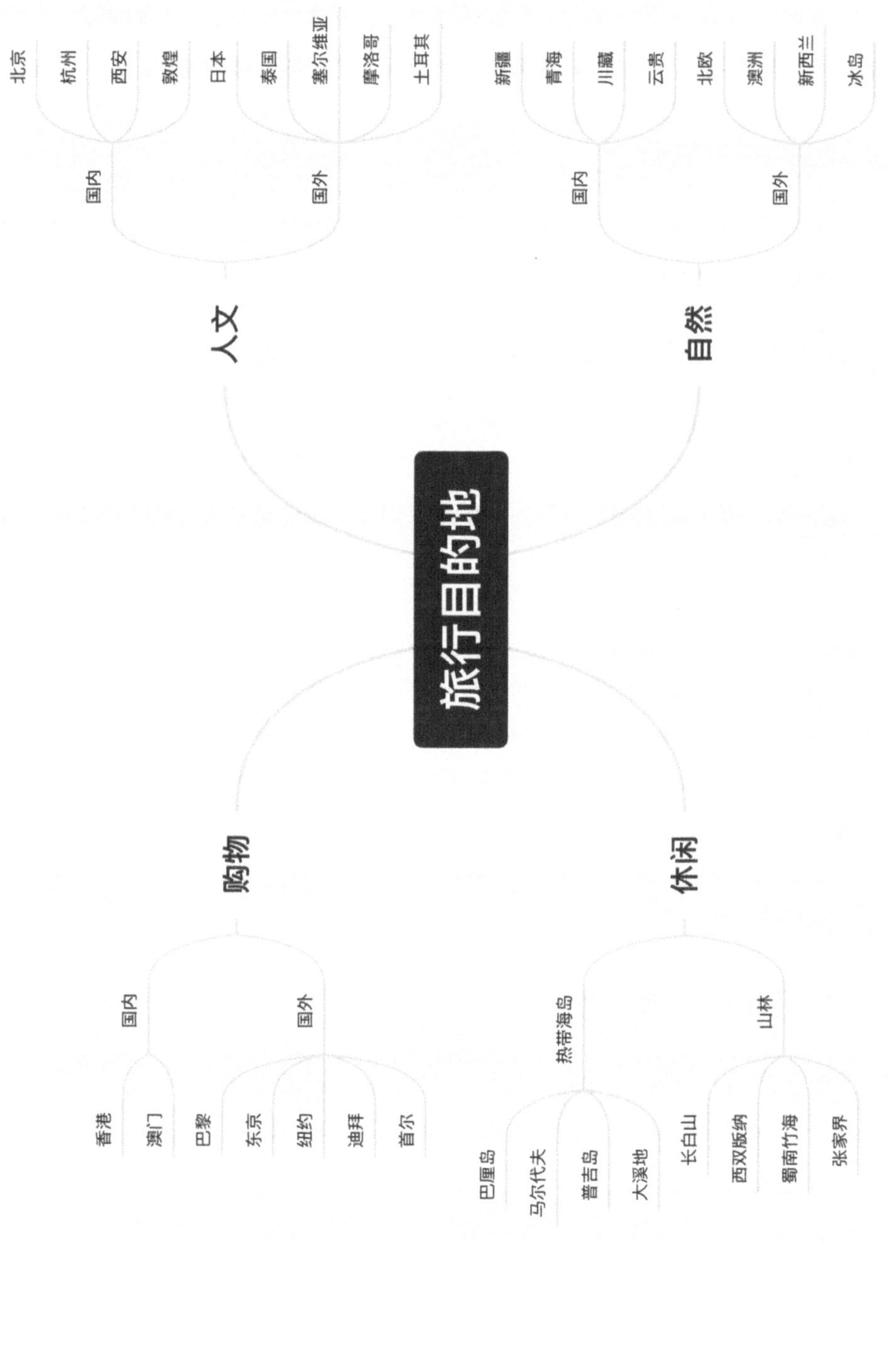

旅行目的地

人文

国内
- 北京
- 杭州
- 西安
- 敦煌

国外
- 日本
- 泰国
- 塞尔维亚
- 摩洛哥
- 土耳其

自然

国内
- 新疆
- 青海
- 川藏
- 云贵

国外
- 北欧
- 澳洲
- 新西兰
- 冰岛

购物

国内
- 香港
- 澳门

国外
- 巴黎
- 东京
- 纽约
- 迪拜
- 首尔

休闲

热带海岛
- 巴厘岛
- 马尔代夫
- 普吉岛
- 大溪地

山林
- 长白山
- 西双版纳
- 蜀南竹海
- 张家界

图 33-1

构思时，我们可以从人文、购物、自然、休闲这四个维度去展开，在国内、国外找到想去的地方。用思维导图的基本结构不断发散，制作出心仪的目的地清单。在这个基础上，再结合旅行的时间、季节和个人喜好，选择最合适的地点。

景点攻略与机票攻略

脑海中有了一个目的地后，就可以开始在网上查看攻略了。在看的过程中，可以用 XMind 粗略地把你想要去的景点罗列出来。

知道大致的旅行目的地后，就可以基本确定到达 / 离开的城市，这时候就可以留意机票或火车票。一般机票越早订越便宜，赶上节假日火车票要提前买，当然也要留足时间办理护照、签证等。这里以机票攻略为例，可以通过思维导图的逻辑图结构，将各大航空公司的官网会员日信息、廉价航空信息，或代理平台活动信息等展示出来，如图 33-2 所示。

关于买机票，这里给大家提供几条小建议，仅供参考。

- 国内旅游旺季提前 2 个月预订，非旺季提前 1 个月左右预订会比较便宜。
- 航空公司官网会员日 / 大促日（双 11）会有比较大的折扣优惠。
- 不同渠道价格相差不大的时候，优先选官方渠道，退改签比较方便。

规划具体行程

关键字：预定酒店、城际交通

确定好旅行时间及旅行目的地后，就可以开始规划自己的行程了。在这一步可以通过网上的各种旅行攻略把目的地大大小小的各个景点都列出来，然后根据自己的喜好筛选出想去的地方。

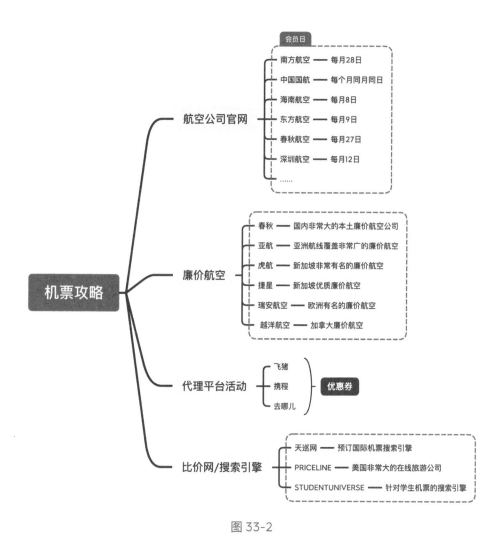

图 33-2

还是以尼泊尔为例，你可以进行景点的穷举，然后再筛选。可以根据地理位置把想去的地方串联起来，查询景点之间的交通方式和路程时间，并根据这些信息来确定在每个景点停留的大致时间。

在做行程表的时候，主要考虑白天在哪里玩，晚上住哪里，怎么去下一个地方。我们可以用思维导图，将旅行的行程图展示出来。

在用 XMind 制作行程图时，可以灵活运用自由主题和联系来串联不同的景点位置。用鼠标左键双击画布空白处即可新建自由主题，选中主题后单击工具栏中的联系，再单击目标主题即可添加联系，如图 33-3 所示。

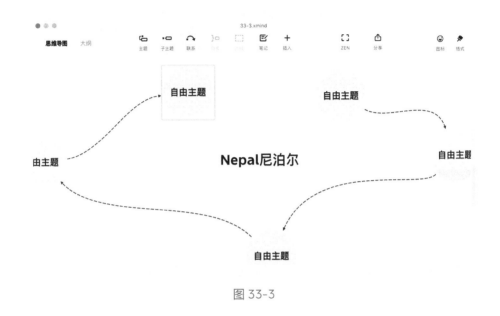

图 33-3

在这个基础上我们可以把每天的行程安排，比如景点信息和住宿信息在每个自由主题上进行罗列，如图 33-4 所示。

我们还可以在此之上补充交通和天气信息，比如在联系线上添加城际交通方式，用图标来表示天气，XMind 中提供了各种天气的对应图标，非常适用于旅行规划这一场景，如图 33-5 所示。

关于行程规划，这里给大家几条小建议。

- 规划行程的时候可以不把时间塞得那么满，尽量做好交通的应急备案。
- 预留几个景点，如果时间充沛或者定好的景点不好玩可以有 plan B。
- 备份行程图，可以打印出来或在手机中查看。

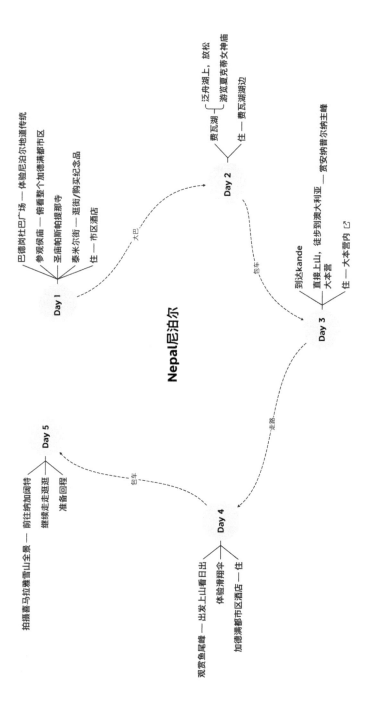

Nepal/尼泊尔

Day 1

巴德岗杜巴广场 — 体验尼泊尔地道传统

参观候庙 — 俯瞰整个加德满都市区

圣庙帕斯帕提那寺

泰米尔街 — 逛街/购买纪念品

住 — 市区酒店

大巴

Day 2

费瓦湖 泛舟湖上，放松
游览夏克蒂女神庙

住 — 费瓦湖湖边

包车

Day 3

到达kande

直接上山，徒步到到澳大利亚 — 赏安纳普尔纳主峰
大本营

住 — 大本营内🏕

走路

Day 4

观赏鱼尾峰 — 出发上山看日出

体验滑翔伞

加德满都市区酒店 — 住

包车

Day 5

拍摄喜马拉雅雪山全景 — 前往纳加阔特

继续走走逛逛

准备回程

图 33-4

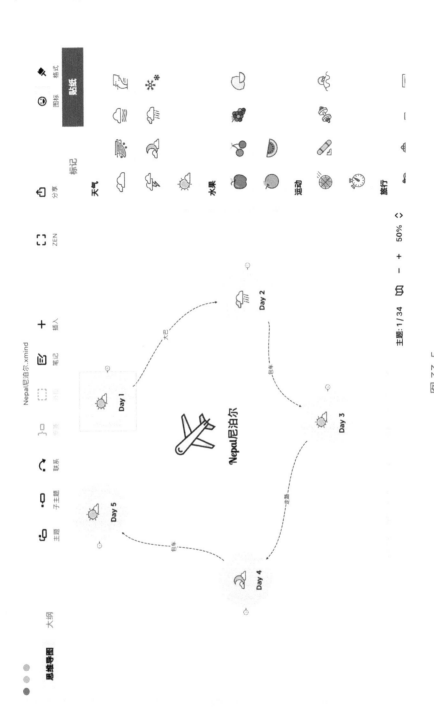

图 33-5

确定行程之后即可预定酒店，可以通过各大平台进行预订，尽量不选择偏僻的地方，
这里总结了一些住宿攻略，如图 33-6 所示。

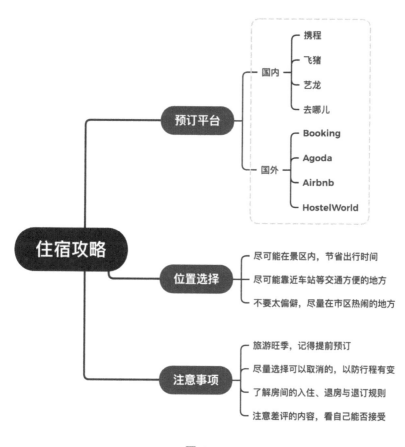

图 33-6

同样地，关于住宿，这里也给大家几条小建议。

• 预定酒店 / 民宿要尽量选择可以免费取消的，以防行程有变。
• 尽量选择交通方便，离车站近且不过于偏僻的地方。
• 记好酒店 / 民宿入住和退房的时间，弄清酒店的联系方式。
• 关注网友的差评，避免踩坑。

细化行程，填充细节

关键字：吃什么，多少钱

在上一步的基础上，我们可以细化行程，填充细节，进一步完善行程规划。

在这一步，可以简单列出预算清单，如住宿费、往返交通费、景点门票费、当地的交通费、三餐的人均消费、额外购物费等，如图 33-7 所示。具体操作时，可以在特定主题后面添加一个关于费用的子主题，并在 XMind 的图标中找到表示费用的图标来进行强调。以此类推，补充好每个景点大致的费用，这样可以预先算好需要的现金，方便提前换汇。

细化行程时，给大家几条小建议。

- 查好景点门票的售卖方式，以及每个景点的开放 / 关闭时间。
- 极限活动，比如跳伞、滑翔、潜水、冲浪等都需要提前做好攻略，必要时需要预订。

行前准备

关键字：收拾行李

收拾行李这件事丰俭由人，如果想一路上轻轻松松的，可以只将个人必需品塞进行李箱，如果想做万全准备，则要认真思考。具体需要带什么，可以用 XMind 的思维导图结构，从证件、电子产品、洗护用品、干净衣物、常备药品和其他的维度进行罗列，如图 33-8 所示。

在收拾行李时，给大家几条小建议。

- 了解自己的身体，随身常备常用药物。
- 可以携带一些垃圾袋或塑料袋来存放潮湿衣物。
- 记得将证件全部电子化，或者带上复印件，准备一张备用银行卡，以防万一。

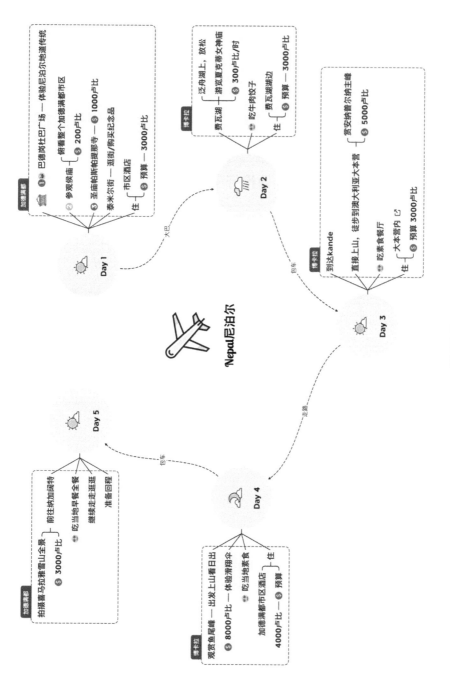

图 33-7

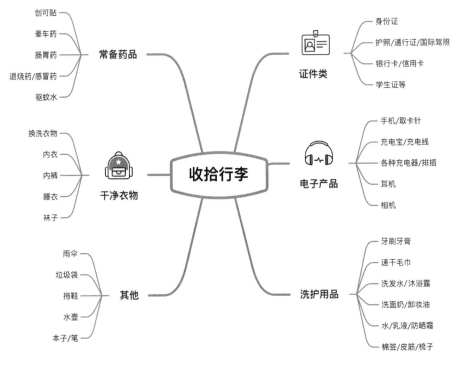

图 33-8

深度游

关键字：像当地人一样生活

如果你不想走马观花地游览一座城市，可以把自己当成当地人，体验当地人的衣食住行。去当地的菜市场／超市，看他们都吃什么；乘坐公共交通工具，通过沿路的风景去观察这个城市；在最寻常的烟火气中去品尝当地最地道的味道。

以泉州为例，我们如何用生活的状态去旅行呢，我们可以不扎堆去热门景点，不去商业街，就在市井街道晃荡。如图 33-9 所示，就这样以旁观者的角度闲逛并观察，或许能获得有别于一般攻略的体验。

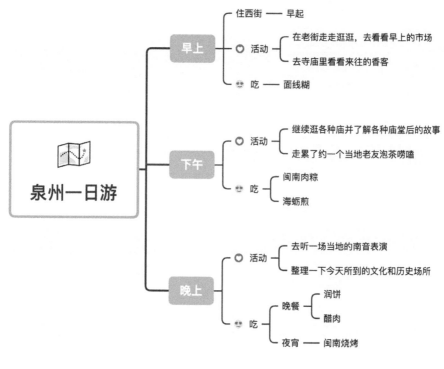

图 33-9

当你想规划深度游时,可以参考以下建议。

- 入乡随俗,尊重并尽可能了解当地的文化风俗。
- 游览文物古迹的时候,尽可能了解其背后的历史。
- 记住当地的报警电话和领事馆求助电话,有事第一时间求助。

最后附上用思维导图整理的行程规划中需要的各个工具,涵盖衣食住行各个方面,如图 33-10 所示,愿你能收获一场精彩的旅行!

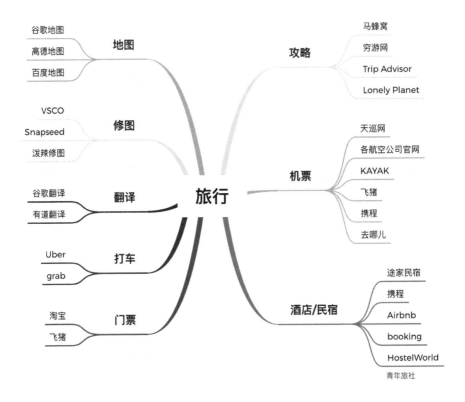

图 33-10

34
重度拖延？用 XMind 高效管理时间

"拖延症"让人既无法高效工作，也无法快乐地享受生活。比如 2020 年疫情期间，很多人在家办公，这样虽有更大的时间自由，但对个人的执行力也有着更高的要求。在这种情况下，一旦拖延症发作，工作将陷入困境。那么如何克服拖延，有效利用时间呢？本篇我们就和大家分享一下如何用 XMind 来进行高效时间管理。

人为什么会拖延

在讨论时间管理前，我们需要了解人为什么会拖延，一般来说有以下四个原因。

- 把任务量想得过度巨大，导致畏难情绪高涨，不想动手。
- 精力利用不合理，时常觉得困顿，注意力难以集中。
- 存在无处不在、持续不断的干扰源，专注力变成稀缺资源。
- 遇到困难时，大脑会驱使我们将注意力转向其他更容易的任务。

如何克服拖延

刚刚我们了解了产生拖延的原因，相信生活中越来越多的拖延现象已然让很多小伙伴痛苦不已。要想提高专注力，提升做事效率，避免事务越堆越多，我们必须克服拖延。那具体该怎么办呢？

形成习惯，减少意志损耗

克服拖延需要一定的意志损耗，而习惯的养成能在最大程度上降低这种损耗。很多高效人士其实多多少少都会有点拖延症，但是和普通人不一样，他们拥有专注的习惯。对他们来说，进入一种专注的状态很容易，所以在开始一项任务时并不会有太多意志上的困难。

少即是多，用专注打败拖延

这个世界从不缺少聪明人，稀缺的是一心一意、孤注一掷的专注力。而专注力和持续力都是可以靠后天习得的，极度聪明的只是少数人。

如果你是一个重度拖延症"患者"，当你想静下心来想清楚一些问题和寻找解决方案时，可以考虑使用 XMind 的 ZEN 模式，它可以让你沉浸在自己的想法中，抵抗外界一切的干扰和噪声，专注于捕捉灵感，把脑袋中的奇思妙想具象化。

一旦进入 ZEN 模式，软件会隐藏页面内多余的元素，画面干净，功能精简，如图 34-1 所示。它能记录你的专注时间，让你全神贯注地绘制每一个主题，专注于捕捉自己的想法，心无旁骛地完成工作。

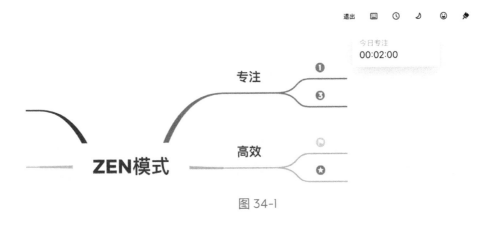

图 34-1

制订真正可执行的计划

大而空的计划意味着这个计划没有可操作性。每件大事都是由无数重要的小事组成的，要真正落到执行端，需要对任务进行具体步骤的拆解，细化到可执行、可操作的小事上，专心做重要的小事。

用 XMind 来进行任务管理

可用于任务管理的工具有许多，大家可以选择适合自己的工具使用。例如，我们可以用 XMind 来形成完整的任务管理计划：从批量整理待办事项到拆解和颗粒化任务，再到调整任务优先级，形成一个完整的任务管理闭环。

1. 批量整理待办事项

很多整理待办事项的工具，不管是日历式的，还是清单式的，一上来就进行细项的罗列，其实并不友好。很多时候我们脑袋中对于任务其实只有一个大致的概念，比较混乱。特别地，当你有很多杂事和任务需要完成时，可以用思维导图把这些事项罗列出来，如图 34-2 所示。

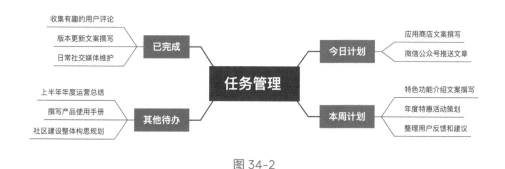

图 34-2

2. 拆解和颗粒化任务

思维导图的树状结构可以无限延展，可以让你将任务进一步细分，拆解到可完成的程度。如图 34-3 所示，可以一步一步把任务拆解成具体的操作。

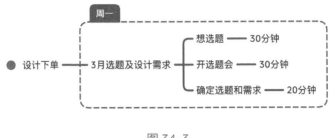

图 34-3

3. 调整任务优先级

当你将待办事项列出时，拖动待办事项即可轻松调整它们的顺序。也可以用软件内自带的标记来标注任务的优先级和完成状态，如图 34-4 所示。

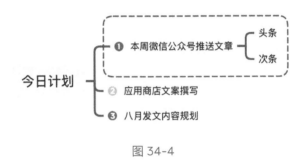

图 34-4

运用 ZEN 模式和仅显示该分支功能来保持专注

ZEN 模式能让你保持专注，仅显示该分支功能则能让你专注当下分支内容的绘制。在 XMind 界面中将鼠标悬浮至特定主题，单击鼠标右键即可唤出此功能，如图 34-5 所示。巧妙运用这两个功能，可以让你在整理待办事项时更专注，效率也更高。

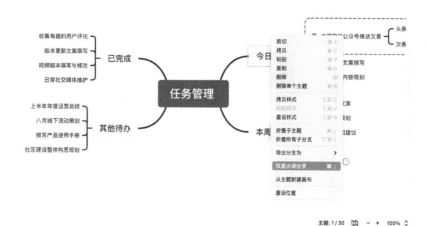

图 34-5

XMind 高效实例

前面我们分析了人为什么会有拖延情绪，以及如何克服拖延。接下来我们展示一个具体实例，以周为单位，用 XMind 来辅助进行具体待办事项的管理和执行，将使用 XMind 对抗拖延落到实处。

Step1：收集

在这步需要做的，就是尽可能把目前所需要做的事情都罗列出来。在这一步完全可以不考虑事情的轻重缓急，只需要把所有困扰你的、需要完成的事项都罗列出来，如图 34-6 所示。

图 34-6

Step2：整理

在第一步的基础上进一步拆解任务，将任务拆解为可执行的程度。预估完成时间，硬性设定截止期限，如图 34-7 所示。

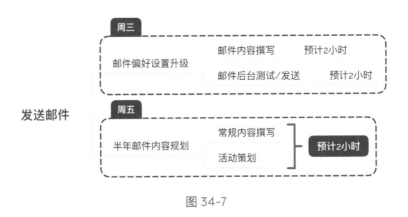

图 34-7

Step3：排序

根据事情的轻重缓急来进行任务完成顺序排序。这一点在 XMind 中十分方便，只需拖动调整主题的位置，或者用标记来进行优先级的标注，如图 34-8 所示。

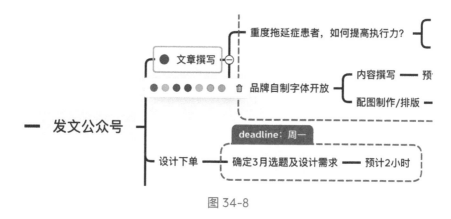

图 34-8

Step4：执行和反馈

创建每日流程，在开始每天的工作前，明确今天需要完成的任务，帮助自己快速进入工作状态。每完成一个任务，可以在思维导图中进行更新，用快速样式删去，体验划掉待办事项的快乐，如图 34-9 所示。

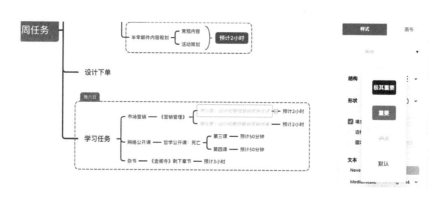

图 34-9

Step5：总结

在每天结束时，可以回顾一下今天的计划，完成了哪些工作，还有哪些未完成。在每周结束时，可以回顾一周工作的完成情况，及时做好调整与安排。定期对工作成果进行复盘，做好总结，行成周报，如图 34-10 所示。

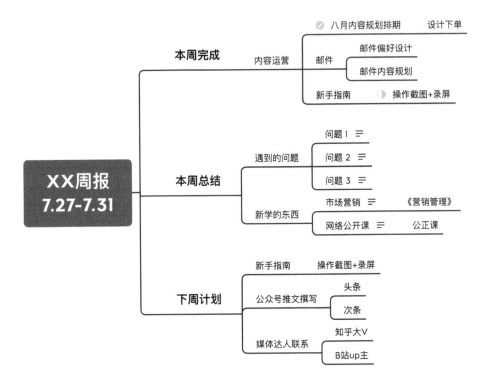

图 34-10

35
不想做 PPT? 试试用 XMind 展示思维

很多人一想到做 PPT 就头疼。排版、配色、格式……每一个小细节都足以让手残党抓狂。演讲 / 演示也是思维导图的一个常用场景,本篇我们就教大家如何"偷偷懒",和大家分享一下用 XMind 来进行思维展示的方法。

为什么用 XMind 展示思维

思维导图是非常适用于信息展示的,因为它能让内容以结构化的方式呈现,使用操作也足够简单。我们将从以下几点进行具体阐述。

结构化的信息展示

绘制思维导图的本质是对逻辑和思维方式进行结构化梳理。当你能将你想表达的内容用思维导图呈现时,你就能很清晰地表达你想传递的信息。例如,当想知道如何能写出好文案时,可以用思维导图梳理其中的重点,如图 35-1 所示,这样在后续实际操作时会感到轻松,不会畏难。

告别繁杂的 PPT 排版

在 PPT 中需要借助复杂的 SmartArt 来让你的思维可视化和结构化,而在 XMind 中只需通过简单的创建主题即可完成。例如,当我们在用金字塔结构来梳理要不要购买某公司的特许经营权时,用 XMind 很容易就可以做出这样的结构,如图 35-2 所示。

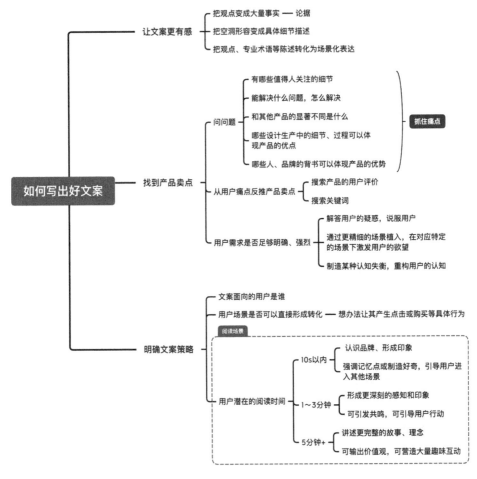

图 35-1

图 35-2

获得更高效的工作流程

在一个工具上完成从想法的捕捉到思维的呈现，无须再借助他者，既节省额外的工作量，也可直接将你的思维过程展示出来，更能让人理解你想表达的内容和逻辑。

既能兼顾全局，也可深入细节

用思维导图来进行内容展示，不仅能很清晰地将你所讲内容的逻辑脉络展示出来，更好地表现出内容之间的联系，也可以在重要的细节上不断深入延展。例如，我们想明确产品生命周期中的重要环节，通过 XMind 来展示，可以清晰定位产品所处阶段，产品每个阶段之间的联系，以及每个阶段的主要目标，如图 35-3 所示。

简单美观的视觉呈现

想要让 PPT 看起来高端大气需要付出很多的时间和精力，但做出一张好看的思维导图却很简单。XMind 中内置的精美主题和好看的视觉元素，都可以满足你轻量的内容展示需求，如图 35-4 所示。

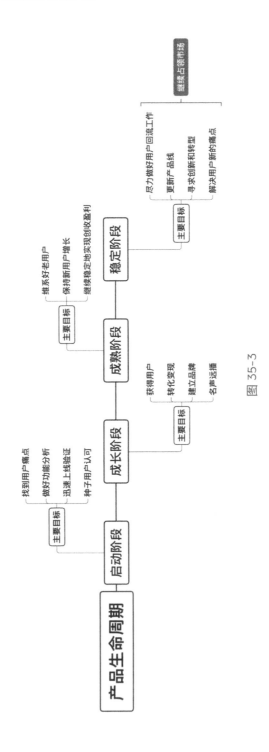

图 35-3

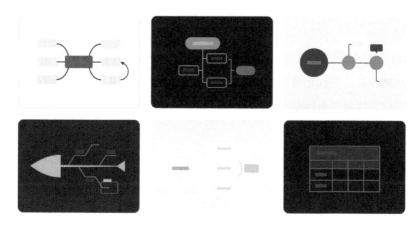

图 35-4

如何用 XMind 进行思维展示

思路清晰、细节完备、完整表达是高效沟通的必备元素。那么如何用 XMind 进行高效的思维展示？接下来我们和大家分享具体的操作。

Step 1：明确展示目的

在进行思维展示时，首先得明确的是你的展示目的。和写文章类似，动笔前要先明确这篇文章的立意。

Step 2：绘制主要内容

当你明确展示目的后，可以将其作为思维导图的中心主题，然后开始进行内容的绘制。

首先将内容快速地罗列出来，在这一步先不进行内容的批判，尽可能先穷举。穷举后，开始进行同类项的合并和思维整理，整理出大致的逻辑和脉络。可以按照问题拆解的方式，一步一步地去解答和拓展。

拖动

在 XMind 中，当你在进行逻辑梳理时可以通过灵活拖动和放置主题来调整内容的顺序或从属关系。在确定整体分享框架的基础上，对内容进行细节的填充。不管是具体的示例，还是更为详细的描述。

笔记

在这一步，可以将详细的描述放进笔记里，保持整张思维导图的整洁性。展示时再展开，如图 35-5 所示。

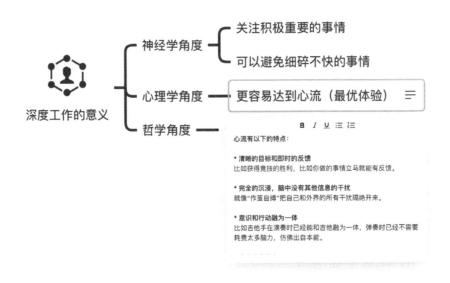

图 35-5

超链接

可以将音视频、文档等用超链接的方式链接到思维导图中，在展示的时候再展开，如图 35-6 所示。

图 35-6

插入本地图片

图片可以很直观地表达你的想法，XMind 支持插入本地图片，如图 35-7 所示，甚至还支持插入 GIF 图片。

图 35-7

Step 3：显化逻辑，提炼重点

在绘制好内容的基础上，我们可以用 XMind 中的一些逻辑元素来增强内容间的逻辑性。

外框

可以用外框把具有相同属性的主题框选住，并标注属性或想强调的内容，如图 35-8 所示。

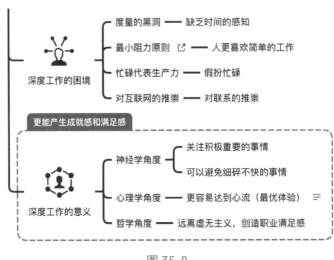

图 35-8

概要

可以用概要对主题进行内容概括和总结，如图 35-9 所示。

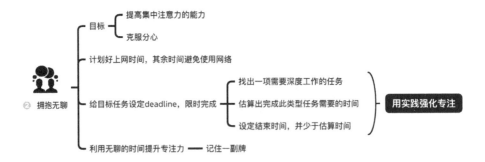

图 35-9

标注

标注作为主题的附加内容，可以用来强调或补充内容，如图 35-10 所示。

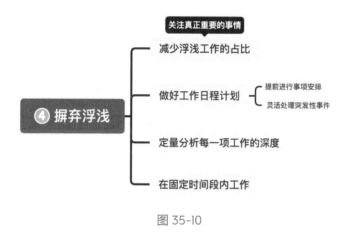

图 35-10

主题链接

当你在对内容进行逻辑上的编排时，可以借助主题链接在不同画布、不同主题间进行跳转，进行内容的分享和思维的连续输出。

多画布功能

当内容较多，一张图已经无法承载时，可以将内容拆分到多张画布内，并结合主题链接功能 ，实现画布间内容的跳转。

Step 4：灵活借助 XMind 的各项功能

内容准备好后，接下来就正式进入到思维展示环节。远程协作 / 在线上课时可以利用视频在线会议或屏幕共享软件和小伙伴分享你的屏幕，而 XMind 中有多个功能可以帮助你更好地展示内容。

仅显示该分支

当你分享的内容比较多时，可以使用仅显示该分支功能专注在一个分支上，让你的更专注于当下内容的分享。该功能的开启方式在前面已经介绍过，这里不再赘述。

ZEN 模式

在展示时，可以开启 ZEN 模式，隐去"格式"面板、工具栏等元素，让思维导图充满整张画面，提高整体的视觉效果。

另外，在 ZEN 模式中还有一个计时器的功能，在演练时，可以借助这个功能来计算每部分需要的时间，如图 35-11 所示。

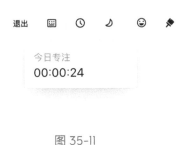

图 35-11

一键折叠 / 展开子分支

绘制好整张思维导图后，可以用一键折叠子分支这个功能，将子主题进行折叠，然后随着分享再一个一个展开分支，如图 35-12 所示，折叠后还会显示折叠的子主题的数量。

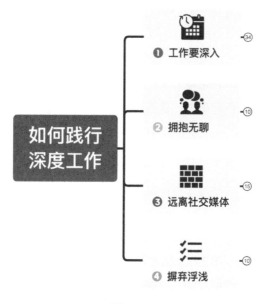

图 35-12

目前在 XMind 中还未对这个功能的快捷键进行定义,可以在首选项的快捷键设置中根据个人喜好进行自定义。

不管是课堂展示,还是内部培训;不管是会议讨论,还是成果展示;所谓的高效沟通,其实就是讲者与听者逻辑思维的完美配对。

当你们的沟通调到同一频率时,当你的思路能很容易被他人理解和消化时,这场思维展示才有意义。很显然,在这一点上,XMind 可以很轻松地帮你实现。

结束语

我们曾多次设想，当你读完这本书后，会有一种怎样的体验。内心是否豁然开朗，是否想立即开始为某个目标努力，是否对未来和人生有了更积极的思考？

是的，我们希望是这样的。

从思维延展到使用思维导图解决具体问题，全书由浅入深，由表及里，每一个文字都跃然纸上，筑起思维的大厦，伴随大家一起成长。

每一个时代都有特定的思考方式，随着时代快速发展与变迁，无论你已经进入职场，还是仍在校园，拥有优秀的逻辑、严谨的思维都能帮你应对未知变数。从家庭到学校，再到社会，思维的智慧无处不在。深入你脑海中的知识、思考方式，以及领悟到的真理会伴你一生，满足你每个人生阶段的需求。而且，这些东西没人可以夺走。

思维导图是近十年，或近二十年以来最值得探索的领域之一，XMind 作为思维导图领域的优秀产品，它不仅是效率工具，更代表着一种思考方式。但 XMind 并不能代替你去思考，它只能在你灵感枯竭、缺乏逻辑时给到你连续思考的动力，将你的想法表现出来，逐渐成为使你更接近成功的帮手。所以，掌握它，你将离成功不远！

相信你在书中已经找到了很多有用的信息，并在自己受益的同时，乐意将这些宝贵内容分享给身边的人。